故宫学资料丛编·宫廷建筑类

明代宫廷建筑大事史料长编

正统景泰天顺朝卷 二

中国紫禁城学会 编纂

故宫出版社

正统七年

（一四四二年二月一十一日至一四四三年一月三十日）

○四四四　正统七年正月初二日　南京西安门火　《国榷》卷二五

南京西安門火。

○四四五　正统七年正月初八日　以南京内府火敕守备大臣　《明英宗实录》卷八八

庚午，勑南京守備豐城侯李賢、參贊機務①南京兵部右侍郎徐琦，得奏，南京内府西安門内失火，燒燬廊房及簿籍、器物②以萬計。朕惟南京國家根本之地，以爾等老成、勤慎，故托以守備重務。而貽患若此，其罪曷逭？今特從寬宥。繼今宜夙夜盡心，思患豫防，以勤從事，嚴飭内外官軍人等，凡百加謹③，庶可無虞。如更怠忽誤事，必罪不宥。内使郭敬即送南京刑部，并其家人福順等究問。仍同南京工部查理所燬之物，其中有應備補者，具實來聞。

① 叅贊機務　廣本機作軍。按本卷第七頁前三行各本作機。

② 簿籍器物　抱本無器物二字。

③ 凡百加謹　廣本謹作慎。

○四四六　**正统七年正月十四日　除韩王坟茔所用民田租税**

> 丙子，除韓王冲𦺊墳塋所用平凉府涇州長壽里民田二頃七十畝該徵租稅二十二石八斗有奇。

《明英宗实录》卷八八

○四四七　**正统七年正月二十三日　山西广昌站木厂火**

> 工部奏，山西廣昌縣言，廣昌站木廠火，焚松木八千八百餘株。請令按察司罪其典守者。從之。

《明英宗实录》卷八八

○四四八　**正统七年正月二十五日　命修南海子北门外桥**

> 命修南海子北門外橋。

《明英宗实录》卷八八，并见《图书集成·职方典》卷七，《日下旧闻考》卷七五

○四四九　正统七年正月　南京内府火　《同治上江两县志》卷二下

七年春正月，南京内府火，圖籍器用皆空。是歲南畿大旱。五行志

○四五○　正统七年正月　广昌木厂火　《明史》卷二九

七年正月，廣昌木廠火，焚松木八千八百餘株。

○四五一　正统七年二月初四日　禁于天地坛西北掘土　《明英宗实录》卷八九

禁內府軍匠毋得於天地壇西北掘土。此後務令欽天監相度地宜，然後取之。從南城兵馬司奏也。

○四五二　正统七年二月二十一日　造会同馆及观星台

壬子，造會同館及觀星臺。

《明英宗实录》卷八九

○四五三　正统七年二月二十一日　修会同馆及观星台

壬子，修會同館及觀星臺。

朱国祯《大政记》卷一四，并见《国榷》卷二五

○四五四　正统七年二月二十二日　命修治南京西安门内廊房

命南京工部修治西安門内廊房。

《明英宗实录》卷八九

○四五五　正统七年二月二十七日　命诛南京失火内使

命诛南京尚膳监内使郭敬。敬不谨失火，焚内府廊房六十餘間，所貯物料器皿等七十二萬五千五百有奇，及錢糧簿籍，守衛衣甲，皆為之空。南京刑部奉旨執敬鞫治獄成以聞。命即誅之。

《明英宗实录》卷八九

○四五六　正统七年二月二十七日　命诛南京失火内使

戊午。誅南京尚膳監內使郭敬。以尚膳監火也。

《国榷》卷二五

○四五七　正统七年二月二十七日　南京内府火

戊午，南京內府火，燔廊房六十餘間，圖籍、器用、守衞衣甲皆空。

《明史》卷一二九

○四五八　正统七年二月　造会同馆

英宗實錄正統六年九月命於玉河西隄建房一百五十間以館迤北使臣。七年二月造會同館。

《图书集成·职方典》卷四一，并见《日下旧闻考》卷六三

○四五九　正统七年三月初八日　许云丘王徙居平阳府

雲丘王美[illegible]奏，先晉定王寢園在平陽府，今府城中有指揮李福故宅，臣請徙居。許之。

《明英宗实录》卷九〇

○四六〇　正统七年三月初九日　许代世孙修其社稷山川坛

庚午，代世孫仕壥請修其社稷山川壇。上許之，仍戒所司毋重勞民。

《明英宗实录》卷九〇

〇四六一　正统七年三月初十日　山西赵城娲皇氏寝庙火

山西趙城縣媧皇氏寢廟火。

《明英宗实录》卷九〇，参见《明史》卷二九

〇四六二　正统七年三月十一日　令所司追械逃匠赴京

工部言，今造作方殷，而匠之逃者三千餘人，屢徵弗至。乞令所司專遣官追械赴京。從之。

《明英宗实录》卷九〇

〇四六三　正统七年三月二十四日　以旧兵部为太仆寺署

太僕寺奏，寺署卑隘不稱，請俟建六部完，以舊兵部為寺。許之。①

《明英宗实录》卷九〇

①許之　廣本許作從。

○四六四　正统七年三月二十七日　造观星台成　《明英宗实录》卷九〇

戊子，以造觀星臺成，遣工部右侍郎張琦祭司工之神①。

①祭司工之神　抱本工作士。

○四六五　正统七年四月初四日　命建献陵景陵宰牲亭　《明英宗实录》卷九一

甲午，命建 獻陵 景陵宰牲亭。

〇四六六　正统七年四月十三日　建宗人府等衙门于大明门之东

《明英宗实录》卷九一，参见《图书集成・职方典》卷四一，《日下旧闻考》卷六二

建宗人府、吏部、戶部、兵部、工部、鴻臚寺、欽天監、大醫院①於大明門之東。翰林院於長安左門之東。初，各衙門自永樂間，皆因舊官舍為之，散處無序。至是，工以宮殿成，命即其餘工，以序營建，悉如南京之制。其地有民居妨礙者，悉徙之。

① 大醫院　舊校改大作太。

〇四六七　正统七年四月十三日　作宗人府等于大明门之东

《国榷》卷二五

癸卯。作宗人府，吏、戶、禮、兵、工五部，鴻臚寺、欽天監、太醫院于大明門之東。翰林院于長安門之最東。

○四六八　正统七年四月十六日　设南京京卫武学　《明英宗实录》卷九一

丙午，設南京京衛武學。從監察御史彭勗①言也。

① 彭勗　抱本勗誤最。

○四六九　正统七年四月　建宗人府等于大明门之东　朱国祯《大政记》卷一四

建宗人府，吏、戶、禮、兵、工五部，鴻臚寺，欽天監，太醫院於大明門之東。翰林院於長安門之最東。

○四七○　正统七年四月　建京师宗人府等衙门公署　《明书》卷八

夏四月，建京師宗人府等衙門公署。

○四七一　正统七年四月　建大理寺　《天府广记》卷二四

大理寺在都察院南，正統七年四月建。

○四七二　正统七年四月　建詹事府　《天府广记》卷二五

詹事府在皇城東玉河岸上，正統七年四月建。

○四七三　正统七年四月　始建翰林院　《天府广记》卷二六

翰林院在東長安門外，北向，其西則鑾駕庫，東則玉河橋，元之鴻臚署也。正統七年四月，始建爲院。

○四七四　正统七年四月　建钦天监　《天府广记》卷二九

欽天監在皇城之東，禮部後，正統七年四月建。初置太史監。洪武元年，改司天監，又置回回監。三年，始改爲欽天監。二十一年，革回回監，以回回曆法隸焉。

○四七五　正统七年四月　建鸿胪寺　《天府广记》卷三〇

鴻臚寺在闕東工部之南，正統七年四月建。

○四七六　正统七年四月　建太医院　《天府广记》卷三一

太醫院在闕東，禮部後，正統七年四月建。初置醫學提舉司，後改太醫監，又改太醫院。

○四七七　正统七年五月十二日　修南京城楼及牌楼

《明英宗实录》卷九二

修南京三山門、朝陽①、城江東等門城樓，及全節坊等牌樓十九座。

① 朝陽　廣本抱本陽下有門字，是也。

○四七八　正统七年五月二十七日　修治朝阳门里南北二街

《明英宗实录》卷九二

治朝陽門裏南北二街，街接京倉漕夫輸糧之道也。故修治之。

○四七九　正统七年六月十一日　有司所造膳亭不及式

《明英宗实录》卷九三

工部以有司所造九龍九鳳膳亭，及龍鳳白瓷罐俱不及式，治調官罪①。復令改造。

上恐勞民，詔勿改造。提調俱宥之②。

① 治調官罪 廣本抱本作請治提調官罪，是也。

② 提調俱宥之 廣本抱本調下有官字，是也。

〇四八〇 正统七年六月十八日 命新作京卫武学

《明英宗实录》卷九三

丁未，宥兵部左侍郎①王巹、右侍郎張奇②罪。初，命巹等新作京衛武學。巹等欲暫留舊學，俟擇地改創。上怒，命錦衣衛逮巹等鞫問。至是釋之，仍住俸二月。

① 兵部左侍郎 廣本抱本兵作工，是也。

② 張奇 廣本抱本奇作琦。

○四八一　正统七年六月二十七日　少师兼工部尚书吴中卒

《明英宗实录》卷九三

少師兼工部尚書吳中卒。中字思正，山東武城縣人。洪武中由監生授營州後屯衛經歷。　太宗靖難，中迎駕有功，屢陞至右都御史。肇建北京，改工部尚書，又改刑部。洪熙初進太子少保，宣德初進少保，尋坐事奪少保。久之復其位，仍還工部。三殿成，進少師。至是卒，年七十一。訃聞，遣官諭祭，命有司營葬，追封茌平伯①，謚榮襄。官其子賢為工部主事。中儀觀魁偉，奏對洪亮，有材能。累朝營建　山陵、宮殿，中皆與有勞。然昧于大體，諂事中貴，不恤民力，惟黷貨利，寵妾數十，每房各具衣及帶。中隨所坐而服之，且畏其妻不敢忤。嘗須誥命，妻命左右曰，取吳中誥來為我誦之。聽畢曰，此文是　天子自為乎，儒臣代草乎。曰，亦儒臣代草耳。妻曰，代草甚當，令誦之終篇，何嘗有一清字，有一廉字乎。中聞之亦不敢怒也。

① 追封茌平伯　抱本茌作莊，明史作茬。

○四八二　正统七年六月二十七日　吴中卒

《东里续集》卷二六

公諱中，字司正，姓吴氏。

將營北京宫殿，改工部尚書，奉命取材於蜀。還，又命董饟運北京。賜帛六百匹。車駕北征，公扈從，兼督饟運。既還，丁外艱歸。起復，仍命董宫殿營繕。公言營繕吉事，臣喪服未除，非所當預。改刑部尚書。後以言事忤旨，逮繫。仁宗皇帝嗣位，復刑部尚書，改工部尚書，命兼詹事，進兼太子少保。宣宗皇帝嗣位，尤見信任，陞少保，仍兼尚書。賜寶帶、金織衣。已而坐累，解少保。公事三聖，皆見信任。凡車駕行幸，不以遐邇，皆在扈從。三陵之建，皆公董役。竣事皆有銀幣之賜。皇上嗣位，以公舊老復少保。重建奉天、華蓋、謹身三殿，乾清、坤寧二宫，命公董之。蚤莫勞勤致疾。功成，公雖在告，嘉念厥勞，陞少師。賜白金、文綺，加繡麟衣。無幾，疾竟不起。正統壬戌六月丙辰，云訃聞，輟視朝一日，遣禮部尚書胡濙賜祭，追封茌平伯，賜謚榮襄。命有司治塋宫，其子賢世襲錦衣衛百戶。

○四八三　正统七年六月　南京尚膳监火

《二申野录》卷二

壬戌夏六月庚寅朔，日有食之。南京尚膳監火，焚禁内廊房六十餘間，所貯器皿、物料七十二萬五千五百有奇。

〇四八四　正统七年六月　吴中卒

是月，吴中致仕，越二月卒。中前後在工部二十餘年，北京宮殿及長獻、景三陵，皆中所營造，規畫井然。然不恤工匠，家貲巨萬，湛于聲色，時論鄙之。

《明通鉴》卷二三

〇四八五　正统七年六月　大同府重修夫子庙学成

大同府重修夫子廟學記

學校之設，朱子謂其廣無過於三代之隆者矣。自古王宮國都至于閭巷，莫不有學故也。夫自王宮國都至于閭巷，莫不有學，尚足以致治隆於上，俗美於下，而非後世之所能及。況瀕夷狄左衽之鄉，聖王幾所不治之地，而皆有廟以祀先師孔子，有學以教士庶子弟。如今日者，其為治隆俗美，豈獨非漢唐宋之所能及而已，殆可

《芳洲文集》卷六

以此隆於古昔盛時，而抑過之，何其盛哉。大同本漢雲中五原郡地，中國受禹降之處也。我　太祖高皇帝混一天下，教化之行無間遠邇，雖四裔亦皆建廟學，如古

之制，使知所依歸，而得聞大道之要。此大同夫子廟學之所從始也。廟故有禮殿，肖聖賢像於其中。而學施教有堂，講藝有齋。歲久日就頹廢。宣德三年，今户部侍郎丹陽沈公同以山東參政贊總戎武安侯鄭亨在大同，以為患，乃言於鄭，相與率貲以示工材，飾其固陋，且擴其楹。今　聖天子正統七年，都察院右僉都御史羅公亨信適巡撫至，周覽廟學，以謂堂屋未備，未足以稱崇儒講道之意。復相與告鎮守太監郭公敬暨守備內官葛延、馬慶，總兵官武進伯朱冕，參將都指揮使石亨。諸公皆曰：風化之本在是，所當為之不可緩者。於是山西

都司及行都司都指揮馬義等，大同府知府欒瑄等聞之，亦躍然曰：此吾輩之責也。顧見與舉於　朝廷之大

臣如此，吾輩所不可緩又當何如。乃以大同後衛指揮畢瑛，暨大同府同知張鑾等尊董其事，莫不相勵而趨。為之禮殿，東西有廡，前有戟門，以至庖湢庫廐，無不有所。文昌有祠，禮祭肅敬有亭，而以後世所封夫子之爵，肖其乘輿出入繪圖戟門後之兩壁。像若夫子以及從祭之賢，庇之有龕與帷。書若經史，以至　聖朝之典藏之有閣與匱。嚴嚴秩秩，壯偉宏麗。經始於七年之春三月，落成於是年之夏六月。其材出於諸公俸賜，而賦歛不預。其工市於四方備販，而民兵不知。既成，而樂學者恒多於昔。明年沈公具會作之本末，以書走京師，因翰林侍講儲君求記於余。於乎。　朝廷尊則遠人無異心，而不煩於武功。天下治則邊臣有餘力，而樂從於文事。三代盛時，東漸于海西，被于流沙朔南，暨聲教訖于四海者無他，聖德隆而學校之政修也。今諸公為　聖天子奮武衛而有餘力，以宣文教，則凡學於是者，豈可徒玩思於空言，而不務切磋於實行也哉。

○四八六　正统七年七月初三日　筑南京浦子口大胜关堤

築南京浦子口大勝關隄。先是，江中有洲，激水横流決隄。豐城侯李賢請鑿洲，引水直流，則隄可固。上可之。會詔蠲天下徭役，遂不果鑿。止令築隄，遣兵部右侍郎徐琦祭告大江之神，然後興役。

《明英宗实录》卷九四

○四八七　正统七年七月十二日　修南京钟鼓楼

庚午。修南京鐘鼓樓。

《明英宗实录》卷九四

○四八八　正统七年七月十八日　怀仁王于府第四隅立巡更铺

代府懷仁王遜熵奏，郡民逼近府第，請他徙之。且於府之四隅立巡更鋪，以巡盗賊。上從其請。

《明英宗实录》卷九四

〇四八九　正统七年七月二十一日　改京城十里河土桥为石桥

己卯，京城南之十里河舊有土橋傾圮殊甚。校尉田廣請自募緣，改爲石橋，以便往來。從之。

《明英宗实录》卷九四

〇四九〇　正统七年七月二十一日　鸿胪寺修葺衙门

錦衣衛指揮使徐恭等奏，鴻臚寺卿楊善託修葺衙門，科歛本寺各官銀兩。宜付法司鞫問。　上曰，善爲公故，其勿問。

《明英宗实录》卷九四

〇四九一　正统七年七月二十六日　修理南京太庙社稷坛俱完

甲申，以修理南京　太廟、社稷壇殿宇、門廡、廚庫等俱完，遣駙馬都尉趙輝祭告　太廟，參贊機務兵部右侍郎徐琦祭告　太社、　太稷，并祭諸司工之神。

《明英宗实录》卷九四

○四九二　正统七年七月二十六日　复除工部主事专理料砖

復除工部主事史潛專理料甎，以剩員待次也。

《明英宗实录》卷九四

○四九三　正统七年七月二十八日　楚王奏准于昭园庄园立碑

丙戌，楚王季堄奏，欲於昭園莊園立碑表揚先德。上從之。復書曰，此孝子慈孫當然之義。叔文學遺衆，且素得於侍下，目見者最詳且實。於自撰述爲宜，或授事實於府中儒臣，俾之代述亦皆宜也。

《明英宗实录》卷九四

○四九四　正统七年七月　始置户部太仓库

秋七月，始置戶部太倉庫。

《罪惟录》纪卷六

〇四九五　正统七年八月初六日　建五军都督府等衙门兴工

癸巳，建中、左、右、前、後五軍都督府①、太常寺、通政司、錦衣衛各衙門於大明門之西，行人司於長安右門之西。以是日興工，遣工部尚書王巹祭司工之神。

① 軍都督　館本督下原有府字，影印本不清楚。

《明英宗实录》卷九五

〇四九六　正统七年八月二十四日　敕谕盖造弘化寺

辛亥，勅諭河州西寧等處官員軍民人等曰：朕惟佛氏之道以空寂爲①，以普度爲用。西土之人久事崇信。今以黑城子廠房地，賜大慈法王釋迦也失蓋造佛寺，賜名弘化。頒勅護特②本寺田地、山場、園林、財産、孳畜之類。所在官軍人等不許侵占、騷擾、侮慢。若非本寺原有田地山場等項，亦不許因而侵占擾害軍民。敢有不遵命者，必論之以法。

① 以空寂爲　廣本抱本爲下有宗字，是也。

② 護特　舊校改特作持。

《明英宗实录》卷九五

○四九七　正统七年八月　建五府等于大明门之西

建五府、太常寺、通政司、錦衣衛於大明門之西，行人司於長安右門之西。

朱国祯《大政记》卷一四

○四九八　正统七年八月　诏复建翰林院公署

公署

公署蓋為聽事而設。國朝建官，以本院為近侍衙門，故公署雖在外而僚屬相聚恒在館閣。洪武初建翰林院於皇城内，學士而下晚朝即宿其中，扁之曰詞林。其後兼考唐宋制度，詔改建於皇城東南、宗人府之後，詹事府居其次。洪武二十六年十月興工，至二十七年十月辛巳告成，詔皆賜宴落之。命為南京翰林院。永樂中行在，本院官仍在禁内供奉，不别立公署。正統七年八月有詔復建於京師長安左門外，玉河西岸，鑾駕庫之右，而東岸則為詹事府焉。命中官陳姓者督工，踰年落成。正堂三間，中設大學士、侍讀學士、侍講學士公座。左為史官堂，右為講讀堂，首領官房在儀門之外之右。學士楊濟輩為詩紀其事。然同僚相與，每常朝畢，本院官立東閣前，竢大學士至，入閣中講讀，史官皆序立圜揖而退。五經博士而下揖於閣外。出復序立於史館前，亦圜揖，揖畢各書公會乃入館修書史，待宣召，日昃而出。公署惟履任齋宿始一至。若掌印官査公移、收放俸糧，則莅院視事。按唐制，翰林院在銀臺之北，後復建東翰林院於金鑾殿之西，因曰鑾坡，蓋隨乘輿所在而遷，取其便耳。正廳曰玉堂，中設視草臺。每草制，則具衣冠據臺而坐。後以車駕經幸，不復如此，但存空臺而已。玉堂云者，出於道家之説。李肇《翰林志》言，居翰苑者皆謂凌玉清，遡紫霄，豈止於登瀛洲哉。亦曰登玉堂焉。然未有榜。至宋太宗乃以紅羅飛白玉堂之署四字賜之。今則雖不盡符，然私記往往猶曰玉堂視草，用故事也。

朝房

本院朝房在午門外右第六區。每候朝，則殿閣大學士、本院學士、講讀官、史官皆在焉。詹事府朝房在午門外右第十八區。每候朝，則詹事、少詹事、府丞、左右春坊官、司經局官皆在焉。鼓初嚴，各詣左掖棕蓬下序坐，俟鼓終嚴而入。其後本院學士候朝亦在詹事府朝房，蓋以儕輩相與之慣故也。又有外朝房，在長安右門外以待漏云。

〇四九九　正统七年九月初二日　修礼部公署

已未修禮部公署。

《明英宗实录》卷九六

〇五〇〇　正统七年九月二十五日　宁王权奏请南极长生宫主持

寧王權奏於遐齡山陵所創屋五間，祀南極真人，蒙賜名曰南極長生宮。乞於附近宮觀內擇道童堯修戒行者給度牒住持。上命從之，後不爲例。

《明英宗实录》卷九六

○五○一　正统七年九月　始置太仓银库　《昭代典则》卷一五

九月始置太倉銀庫。

○五○二　正统七年十月初三日　以民地给晋宪王营坟园　《明英宗实录》卷九七

以山西陽曲縣民地二頃一十畝給晉憲王營墳園。有司以地税爲請。上曰，有地則有税，地既入官，豈責以税，其即蠲之。

○五○三　正统七年十月初八日　致书襄王随宜修治房屋　《明英宗实录》卷九七，并见《明英宗宝训》卷二

致書襄王瞻墡曰，承諭欲營朝堂及繕治居室。但湖廣之閭民散已久，今年以旱暵告者相繼。以此朝廷凡事省約，未嘗輕勞一夫，輕斂一物。叔秉仁厚，亦宜體念人情，如房屋可居宜且停息。如必須繕理，亦當酌量府中人力，隨宜修治。

〇五〇四　正统七年十月初九日　命毋徙惜薪司外厂四围居人

管理柴炭左通政陳恭奏，比因營繕衙門於惜薪司假借供應薪三百萬斤，工部奏令臣如數撥補。臣惟易州山廠歲辦柴炭已九千四百餘萬，復以此加之，民實不堪。乞暫優免，後果不足用，令陸續植納。又言惜薪司外廠四圍通軍民之家，有無知者接廠作房，故嘗致火。宜擇隙地徙之。其柴須少積以備用。餘置之宣武門等外廠，庶無他虞。　上命通廠居人天寒毋徙，餘悉從之。

《明英宗实录》卷九七

〇五〇五　正统七年十月十四日　命修祖陵孝陵墙垣

辛丑，命修　祖陵、孝陵墻垣。

《明英宗实录》卷九七

〇五〇六　正统七年十月十八日　工部郎中专理临清料砖

陞南京兵部主事吴綸爲工部郎中，專理臨清料甎，以秩滿九載①故也。

《明英宗实录》卷九七

①九載　廣本載作年。

〇五〇七　正统七年十月　谕严南海子禁例

英宗實錄，正統七年正月，修南海子北門外橋。至冬十月朔，上諭都察院曰，南海子先朝所治，以時游觀，以節勞佚。中有樹藝，國用資焉。往時禁例甚嚴，比來守者多擅耕種其中，至私鬻所有，復縱人芻牧。其即榜諭之，違者罪無赦。

《图书集成·职方典》卷七

〇五〇八　正统七年十一月初二日　祀武成王于后军都督府

戊午，祀武成王太公望於後軍都督府。初，中府西北有廟，祀武成王以下十三人。至是，新建五府於大明門之右，遂營廟於後府祀之。

《明英宗实录》卷九八，参见《日下旧闻考》卷七三

〇五〇九　正统七年十一月初四日　上大行太皇太后尊谥

《明英宗实录》卷九八

庚申，上大行太皇太后尊謚。前一日致册寶案于几筵前。左右置册寶輿、香亭于奉天門，置册寶于輿中。至日遣官告天地、宗廟、社稷畢。上縗服御奉天門。内侍官舉輿，上隨輿後降階升輅，百官素服於金水橋南北向立。册寶輿至，百官皆跪俟其過乃興，隨至思善門外北向立。上至仁壽宫門外降輅。册寶輿由中門進至几筵殿前。上由左門入至丹墀。内贊官唱執事官各司其事，導引官導上至丹陛上拜位。捧册寶官於輿内捧册寶由殿中門入至几

廷前，左右北向立。内賛賛四拜禮，親王陪拜在外。鴻臚寺官傳
唱百官皆四拜。上由殿左門入至　神御前跪。百官皆跪。捧
册官以册跪進於　上左。上受册以授捧册官，置于案。捧寶
官以寶跪進于　上左①，宣　大行太皇太后謚册文曰，孝孫嗣
皇帝臣祁鎮②謹再拜稽首言。臣聞　宗廟之禮式致敬於本原，
功德之高必崇薦於稱號。惟君與后萬世攸同。欽惟　皇祖妣
大行太皇太后至聖之德作配　仁祖，至孝之行格於神明。儀
範著美於六宫，恩惠覃霑於九族。誕育　宣考嗣履帝位，至明
至公，用毗大政。逮及眇躬，愛隆教育，弘示敬　天法　祖之道，
歷尊删治保邦之規。仁如春行，義如秋肅。孜孜一志，惟在恤民。
以奠　宗社，以保萬邦，是以遐升③之日，遠邇興哀。允惟盛德
功④，宜薦徽號。用孚與議請命于　天，謹奉册寶上尊謚曰　誠

孝恭肅明德弘仁順天啓聖太皇太后。伏惟　聖靈昭明在天，弘佑我後永篤其慶。宣訖，奏宣寶官跪于　上左，宣　大行太皇太后謚寶文曰，　誠孝恭肅明德弘仁順天啓聖太皇太后之寶。宣訖，奏俯伏、興、平身。傳贊百官同。奏復位。　上由殿左門出至拜位。奏四拜，傳贊百官同。導引官導　上至　几筵前。奏初獻禮。奏跪傳贊。百官皆跪。奏獻酒。⑤贊讀祝，讀畢。奏亞獻禮，奏獻酒。奏終獻禮，奏獻酒。奏俯伏興，傳贊百官俯伏、興、平身，奏復位。　上由殿左門出，至拜位。奏四拜，傳贊百官同祭畢。　上由左門入至　神御前，以冊寶授內侍官捧入內。遂導　上親入內安冊寶行叩頭禮。　上由左門出至丹陛上。奏禮畢。

① 以寶跪進于上左　廣本抱本左下有「上受寶，以授捧寶官置于案。奏宣冊，宣冊官跪于上左」二十一字，是也。

② 祁鎮　抱本無此二字。

③ 遐升　舊校改作升遐。

④ 盛德功　舊校德下補大字。

⑤ 奏獻酒　抱本奏下有獻帛二字。

〇五一〇　正统七年十一月初六日　建刑部都察院大理寺詹事府

《明英宗实录》卷九八

建刑部、都察院、大理寺於宣武街西[①]，詹事府于玉河東隄。

①於宣武街西　廣本武下有門字。

〇五一一　正統七年十一月初七日　杨青卒

《明英宗实录》卷九八

工部右侍郎楊青[①]卒。命有司治葬事。

①楊青　廣本青作清。

○五一二　正统七年十一月十五日　江西左参议奏恤民六事

《明英宗实录》卷九八

江西左参議夏時奏恤民六事。

一、江西人匠例該南京工部輪班上工。近因地方連被水旱，多出外郡求濟，以致臨期失班。乞候下年①收成，照例補班，庶無失所。　上是其言，命有司行之。

① 乞候下年　廣本下作來。

○五一三　正统七年十一月二十日　命修筑四川通济堰

《明英宗实录》卷九八

丙子。四川彭山縣奏，本縣及眉州新津縣田皆藉通濟堰①水灌溉。比者水衝敗田，致皆薄收。請加修築。事下工部勘報。　上命州縣正官率軍民修之，仍戒其毋過費以困人。

① 通濟堰　抱本濟作津。

○五一四　正统七年十一月二十四日　命往营献陵以合葬大行太皇太后

《明英宗实录》卷九八

庚辰，以大行太皇太后将合葬献陵，命兴安伯徐亨、工部右侍郎张琦往营之。

○五一五　正统七年十一月　建三法司詹事府

朱国祯《大政记》卷一四

大政記　卷十四　十

建三法司於宣武街西，詹事府于玉河東岸。

〇五一六　正统七年十一月　建刑部都察院大理寺　《京师坊巷志稿》卷上

舊刑部街

井二，橋一。明英宗實録：正統七年十一月，建刑部都察院大理寺於宣武門街西。彭惠安集：國初比部之制，分爲十二。雲南隸陝西部。永樂間安南內屬，置交趾司，析雲南、四川之交爲貴州，置貴州司。方定都之初，庶務草創，率皆權寓涖事。今城隍廟西惜薪司，俗呼舊刑部是也。陸啓浤客燕雜記：嘉靖間，李攀龍、王世貞、徐中行輩，俱官西曹，相聚論詩，建白雲樓於四川司。中榜諸君詩。李詩警句云：諸山城上出，落日署中寒。時人目刑部爲外翰林。明王同軌耳談：刑部福建司，軒曰甘露，貴溪江以朝爲郎時，甘露降於軒栢，作記刻碑。案：三法司署，國朝移建西長安門外，詳衙署。白雲樓甘露軒已久廢。明一統志謂刑部街在貫城坊，考明代坊名無貫城，貫疑金之訛也。

〇五一七　正统七年十一月　立重修颜子庙碑　乾隆《曲阜县志》卷二八

壬戌七年　冬十一月立重修顏子廟碑

〇五一八　正统七年十二月十八日　令翰林院代撰楚昭庄二园碑

禮部尚書胡濙等言，曩者，楚王季埱奏欵王昭莊二園碑，朝廷令王自述或府中儒臣代王述。今王復言，臣與本府儒官俱學淺才疎，製作不足以表揚先德。乞請名儒撰文。上曰，文令翰林院代撰，碑令王自立。

《明英宗实录》卷九九

〇五一九　正统七年十二月二十日　造献陵明楼

丙午，造獻陵明樓。

《明英宗实录》卷九九

〇五二〇　正统七年十二月二十三日　重建娲皇氏陵寝庙宇

己酉，重建媧皇氏陵寢廟宇。

《明英宗实录》卷九九

○五二一　正统七年十二月二十七日　修宣武门皋财坊水关桥

修宣武門皋財坊水閘橋。

《明英宗实录》卷九九

○五二二　正统七年十二月　葬诚孝皇后

十二月葬誠孝皇后。

合葬獻陵，祔太廟。

《通鉴纲目三编》卷九

○五二三　正统七年十二月　葬太皇太后于献陵

十二月，葬太皇太后于獻陵，上尊謚曰誠孝昭皇后。

《明通鉴》卷二三

〇五二四　正统七年　修颜子庙成

乾隆朝《兖州府志》卷一〇

四年

詔修顏子廟。七年，顏子廟成，御製碑文立於廟。

〇五二五　正统七年　作观象台

《五杂组》卷二，参见《天府广记》卷二九

京師城東偏有觀象臺，高五丈許。其上有渾天儀一具，如世所圖璇璣者。皆鑄銅爲器。四柱以銅龍架而懸之。製作精巧。又有簡儀一具，狀相似而省十之七。只周遭數道而已。玉衡一，亦銅爲之，如尺而首尾皆曲，有二孔，對孔直窺。以候中星。又有銅毬一。左右轉旋。以象天體。以方函盛之，函四周作二十八宿真形。南面有御製銘。正統七年作也。臺下小室有量天尺。鑄銅人捧尺，北面室穴其頂。以候日中測景之長短。冬至後可得一丈七尺，夏至後可得二尺云。中爲紫微殿。殿傍有銅壺滴漏一器。然皆不注水，徒虛具耳。

○五二六　正统七年　建翰林院

翰林院，在東長安門外，北向，其西則鑾駕庫，東則玉河橋，元之鴻臚署也。正統七年，始建爲院。

《春明梦余录》卷三二，并见《图书集成·考工典》卷五七

○五二七　正统七年　设户部太仓库

英宗時，始設太倉庫。初，歲賦不徵金銀，惟坑冶稅有金銀，入內承運庫。其歲賦偶折金銀者，俱送南京供武臣祿。而各邊有緩急，亦取足其中。正統元年改折漕糧，歲以百萬爲額，盡解內承運庫，不復送南京。自給武臣祿十餘萬兩外，皆爲御用。所謂金花銀也。七年乃設戶部太倉庫，各直省派剩麥米，十庫中綿絲、絹布及馬草、鹽課、關稅，凡折銀者，皆入太倉庫。籍沒家財，變賣田產，追收店錢，援例上納者，亦皆入焉。專以貯銀，故又謂之銀庫。

《明史》卷七九

〇五二八　正统七年　重建天宁寺

《明一统志》卷一

天寧寺在府西①，舊名天王寺。正統七年重建。

①编者注：顺天府。

〇五二九　正统七年　重修悯忠寺改额崇福

《帝京景物略》卷三

憫忠寺

憫忠寺者，憫戰亡將卒，以蠟封骼胔爲無所知，復借資冥冥，慰其死忠魂魄也。唐史稱，貞觀十八年，太宗以張亮、李世勣爲行軍大總管，詔親戰高麗。十九年七月，攻安市城不下，詔班師。十月，帝還至營州，詔戰亡士卒遺骸集柳城，帝自爲文祭之，臨哭盡哀。抵幽州，復作佛寺，以資冥福，賜名憫忠寺。有高閣著聞，故志稱憫忠閣也。諺云：憫忠寺閣，去天一握。自貞觀至今，九百八十七年，寺非復舊。高閣者，其趾竟無，止三斷碑，砌今殿壁間。一碑上半斷裂，可讀者，其下段字，有淨光寶塔頌，有至德二載十月十五日建，有參軍張不矜撰、參軍蘇靈芝書。蘇靈芝者，李北海自鐫名也。文書石，不書丹，故從左讀。有御史大夫史思明名。夫然，寺嘗塔矣。一碑下半斷裂，可讀者，其上段字，有燕京大憫忠寺觀音地宫舍利函記，有金大安十年沙門善製撰。一碑也全，而剥其字殆盡，不可讀。其年月處又剥，字惟有重藏舍利函記，采師倫書，則塔且舍利矣。寺經我明正統七年重修，改額『崇福』，有翰林院待詔陳贊碑。

○五三○　正统七年　赐华林寺额

万历朝《陕西通志》卷一七

華林寺在蘭州西華林峰。初名古峯寺。洪武十八年建，正統七年賜額。

○五三一　正统七年　吴中卒

《明史》卷一五一

吴中，字思正，武城人。洪武末，爲營州後屯衛經歷。成祖取大寧，迎降。以轉餉捍禦功，累遷至右都御史。永樂五年改工部尚書。從北征，艱歸。起復，改刑部。十九年與夏原吉、方賓等同以言北征餉絀，忤旨繫獄。仁宗即位，出之，復其官，兼詹事，加太子少保。宣德元年從征樂安。三年坐以官木石遺中官楊慶作宅，下獄，落宫保，奪祿一年。正統六年，殿工成，進少師。明年卒，年七十。追封茌平伯，謚榮襄。

中勤敏多計算。先後在工部二十餘年，北京宫殿，長、獻、景三陵，皆中所營造。職務填委，規畫井然。然不恤工匠，又湛於聲色，時論鄙之。

正统八年

（一四四三年一月三十一日至一四四四年一月十九日）

〇五三二　正统八年正月十七日　顺德长公主薨命工部治丧葬

癸酉，顺德長公主薨。公主宣宗章皇帝長女，母皇后胡氏，永樂十八年生，正統二年册封，下嫁駙馬都尉石璟。至是薨，訃聞。上輟視朝一日，遣中官賜祭，命工部治喪葬。

《明英宗实录》卷一〇〇

〇五三三　正统八年正月二十日　令旗手卫自建卫署

旗手衛言，衛署與通政司錦衣衛相隣[①]比，令工部以其地建五府，遷衛於東南城下，署事不便。通政司後有閒曠地，請以爲衛署。上諭工部，以地與之，令自建造。

《明英宗实录》卷一〇〇

①與通政司錦衣衛相隣　舊校與上補舊字。

○五三四 正统八年正月二十二日 不允南京洞神宫徙居民

南京洞神宫道士言，仁宗皇帝、宣宗皇帝嘗幸其宫，而宫前逼民居，山門尚未作。乞敕南京工部徙其居民。上不允，且曰，敢再以請，必罪之。

《明英宗实录》卷一〇〇

○五三五 正统八年二月初八日 书复襄王允作朝堂等

書復襄王瞻墡曰，承諭，欲於本府官軍、旗校之家尋寡婦十人，幼女十八人，用備令使②。及取妃妹入府奉侍，其娣悉從所言，然必其父母情願，量給以財，不致嗟怨，庶不爲令德之累。王又請作朝堂中路門及左右廊房。上亦允之。敕湖廣三司量起匠夫，同王府軍校協力速完，毋久勞人。

《明英宗实录》卷一〇一

① 用備令使 舊校改令使作使令。

○五三六　正统八年二月十三日　作司礼监　《明英宗实录》卷一〇一

作司禮監。

○五三七　正统八年二月十七日　不毁甘州旧肃王府　《明英宗实录》卷一〇一

先是，右僉都御史程富請毁甘州舊肅王府，改作鐘鼓樓，以壯觀邊境，事下。總兵官任禮等言，王府頽圮，可毁。作鐘鼓樓則勞費無益。上曰，其皆已之。至是肅王贍焰始聞富言，請勿毁以存舊。上勑所司諭王知之。

〇五三八　正统八年二月二十三日　太常寺丞妄改衙门获罪

《明英宗实录》卷一〇一

己酉，太常寺寺丞戴慶祖、王一居，典簿許俊、李希安擅於本寺後掘坑取土，拆磚階，開門户。事聞。上怒曰，朝廷盖造文武衙門，壯觀京都。慶祖等敢爾妄作，錦衣衛擒繫之。令悉復舊規。都察院仍出榜於各衙門禁約。既而錦衣衛以事完復命。上貸慶祖等罪，住俸一年。

〇五三九　正统八年二月二十四日　命以蕲州卫为荆王府

《明英宗实录》卷一〇一

庚戌，荆王瞻堈言，臣國于建昌，僻處山偶[①]，時有瘴癘。乞遷善地。上命遷撫州，已而改命長沙。又以長沙卑濕，改命蘄州。以蘄州衛爲王府，諭所司爲王治之。

① 僻處山偶　廣本抱本偶作隅，是也。

○五四○　正统八年二月二十四日　命大臣督修京仓　《明英宗实录》卷一○一

命應城伯孫傑督修京倉。先是，保定伯梁瑤理其事，至是命瑤督練軍士，故以傑代之。

○五四一　正统八年二月二十七日　致书郑王已命于怀庆建立王府　《明英宗实录》卷一○一

致書鄭王瞻埈曰，近聞叔有疾，及子女宮眷亦多不安，此必水土不相宜也。叔往年欲移國懷慶，今命有司於懷慶建立王府。待其完日奏報移居府中。所缺軍校已令河南有司僉補。叔其善加調攝，早遂痊安，以副親親之心。

○五四二　正统八年二月二十七日　赐怀柔定慧寺名

《日下旧闻考》卷一三九

【增】禮部尚書胡濙景山定慧寺碑畧　都城東北懷柔縣景山之陽，去人境雖不遠，而巖壑鬱紆，峯巒峭拔，泉清水深，最爲勝處。經始於正統七年，建前後大殿、藏經殿、天王殿、兩廡、山門、方丈、祖師、伽藍、齋室、禪堂、庖湢、庫庾、鐘鼓二樓、僧房，垣墉畢備。八年二月二十七日，賜今名。其寺北據景山，東倚大荆山，西接紅螺山，南望小荆山，一大叢林也。普照、廣明、碧峯、永安、圓明、寶安諸山梵刹及泉水庵俱爲下院。

○五四三　正统八年三月初十日　楚王薨赐圹志命有司营葬地

《明英宗实录》卷一〇二

楚王季堄薨。王楚莊王庶長子，母諸氏，永樂十一年生。宣德三年封武陵王，正統五年封楚王。至是薨，年三十一。訃聞。上輟視朝三日，遣官致祭，謚曰憲。命有司營葬地。賜壙誌曰，王天性明敏，克勤問學，孝友謙恭，漢之東平、河間不是過也。

〇五四四　正统八年三月十五日　命大臣督修京仓

庚午，命工部右侍郎王永和督修京仓。

《明英宗实录》卷一〇二

〇五四五　正统八年三月十五日　命于抽分场择材修南京仓廒

南京工部奏，方今修葺各衛倉廒，請令湖廣、安慶、寧國等處掄材輸用。上曰，毋擾害民，第於抽分場擇取。

《明英宗实录》卷一〇二

〇五四六　正统八年三月二十日　命所司经营辽王第宅

遣王貴㜷①請給第宅，以居其弟衡山王貴𤟸、蘄水王貴𤟸。上命所司經營之。

① 遣王貴㜷　廣本抱本遣作遼，是也。

○五四七　正统八年三月二十四日　营建献陵工毕

《明英宗实录》卷一〇二

己卯，以营建献陵工毕，遣侍郎張琦祭厚土之神，興安伯徐亨祭天壽山之神。

① 厚土　抱本厚作后。

○五四八　正统八年三月二十八日　濬瓜州坝东港

《明英宗实录》卷一〇二

濬瓜州壩東港。洪武間瓜州壩有東西二港，永樂間廢東港壩爲廠，以貯材木。正統初廷臣議從本濬港，未果。至是督漕總兵官都督僉事武興言：壩廢港塞，非惟舟往來遲延，且艤泊大江有風濤之虞。請俟秋成於鎮江揚州二府僉夫七千餘人修復。從之。

〇五四九　正统八年四月初三日　京师不必筑外城恐过劳费　《明英宗实录》卷一〇三

戊子，欽天監春官正王巽言，京師多盜，宜如南京築外城，置官軍守門。事下，工部請嚴禁盜之令，不必築城，恐過勞費。上是其言。

〇五五〇　正统八年四月十二日　建司礼监衙门毕　《明英宗实录》卷一〇三

丁酉，建司禮監衙門畢。遣工部尚書王巹告謝司工之神。

〇五五一　正统八年四月十三日　修武伯沈清卒　《明英宗实录》卷一〇三

戊戌，修武伯沈清卒。清，直隸滁州人，由燕山前衛百戶累功陞指揮同知。永樂間督工內府營造，陞後軍都督僉事，尋充參將，鎮守大同。洪熙元年召還，鎮守居庸關。宣德四年率兵修築雲州等六城，又管操神機營軍馬。十年陞都督同知。正統四年以修蓋京都城樓、濠橋，陞右都督。五年督修奉天、華蓋諸宮殿，工畢封奉天翊衛宣力武臣，特進榮祿大夫柱國修武伯，食祿一千一百石。子孫世襲，給以誥券。至是卒，遣禮官諭祭，命有司營葬，謚襄榮。清河附中官①王振，未有軍功，以榮造②累陞官爵，求行貪濫，不足取云。

① 河附中官　抱本河作阿，是也。
② 榮造　廣本抱本榮作營，是也。

○五五二　正统八年四月十七日　令朱勇自造成国公坟茔石人石兽

《明英宗实录》卷一〇三

太子太保成國公朱勇言，其父能墳塋未有石人、石獸之類，乞令工部造給。上曰，方今百姓艱難，姑已之。勇如有力，其令自為。

〇五五三　正统八年四月二十四日　不许赤斤蒙古卫建寺　《明英宗实录》卷一〇三

己酉。初，赤斤蒙古衛都督僉事且旺失加，遣指揮把都麻致書總兵官寧遠伯任禮，欲移居也恰卜剌地，以避瓦剌。禮以其地近肅州，不許。已而且旺失加奏請建寺其地山中，乞頒料及工匠。事下，禮①等以為夷虜異類，若許其建寺，彼必移居之矣。恐遺後患，不可許。上是其言。

① 事下禮等　廣本等作部。

〇五五四　正统八年四月二十六日　复书安化王起楼无妨　《明英宗实录》卷一〇三

辛亥，復書安化王秩炵曰，承喻近於寢房後起樓，已見叔祖敬謹之意。然此在墻垣內，無妨於人，不足為慮也。

〇五五五　正统八年四月二十九日　令总兵官量度修治挽舟堤

《明英宗实录》卷一〇三，并见《明英宗宝训》卷二

甲寅。先是，光禄寺少卿王賢、淮安府知府彭遠，皆請修淮安西湖挽舟隄岸。下督漕總兵官武興等請令直隸及湖廣、江西府衛出物料給用，漕舟順便載輸。　上許之。至是，泰州判官王思旻奏：是役之興，計其所費物在白金當不下萬萬餘兩。比者旱潦不收，人民饑窘，財何由出。臣見朝廷建三殿二宮，又文武公署①，不役天下一夫。今西湖隄無大關涉，縱不修治，不過挽舟遲緩而已。柰何以此困民。請罷各處徵需②，惟蠲往來舟稅鈔，量取雜木等料，隨時修理。事下，工部言徵需不可罷，第可少減。其言蠲鈔，恐格廢鈔法，不可從。　上曰：方今軍民艱難，其毋擾之。隄損壞者，總兵官量度修治。物料已徵在官者，仍令漕舟載至淮安。未徵者已之。敢侵欺作弊者必罪不宥。

① 公署　廣本公作官。

② 請罷各處徵需　廣本需作輸，下同。

〇五五六　正统八年四月　雷震奉天殿鸱吻

《殿阁词林记》卷一六，并见《国朝典汇》卷一一四，《明书》卷三八

正統八年四月，雷震奉天殿鴟吻。

〇五五七　正统八年四月　雷震奉天殿

《大政纪》卷一一

四月雷震奉天殿。

〇五五八　正统八年四月　雷震奉天殿鸱吻

《翰林记》卷八

正統八年四月，雷震奉天殿鴟吻。詔求直言。

○五五九　正统八年四月　雷击奉天殿鸱吻　《罪惟录》纪卷六

雷擊奉天殿，鴟吻，詔羣臣直言得失。

○五六○　正统八年五月初十日　梁府乞为庄王赐文立碑未准　《明英宗实录》卷一〇四

甲子，梁府承奉副阮留奏，梁莊王薨逝，乞賜文立碑光表親親。本府禮生多缺，請行安陸州僉發四人補之。宮人年老殘疾者六十一人，宜放從親。欲於本府軍校之家買幼女二十餘人以備使令。上命禮部議。尚書胡濙等言，王無立碑例，禮生宜補二人，宮人年老殘疾聽放依親，欲買幼女亦無例。上從之。

○五六一　**正统八年五月十三日　为永嘉大长公主预造坟**

丁卯，永嘉大長公主奏，年老死日近，欲爲後計，乞造墳於江寧縣之循常鄉。上從其請。

《明英宗实录》卷一〇四

○五六二　**正统八年五月二十四日　雷震奉天殿鸱吻**

戊寅，雷震奉天殿鴟吻。

《明英宗实录》卷一〇四，并见朱国祯《大政记》卷一四，《国榷》卷二五，《明史》卷二八

○五六三　**正统八年五月二十四日　雷震奉天殿鸱吻**

夏四月雷震奉天殿

敕勉群臣曰。朕以菲德嗣承祖宗大統。國家事重。負荷惟難。顒顒之誠。不遑夙夜。茲五月二十四日。雷震奉天殿鴟吻。上天垂戒。厥有所由。

《昭代典则》卷一五

壬午，詔曰，洪惟我國家，列聖相承，皆以敬天勤民爲治。朕祗紹鴻猷，仰惟祖宗付託之重，臣民屬望之深，夙夜兢惕，不遑寧處。今年五月二十四日，雷震奉天殿鴟吻。上天垂戒，朕甚懼焉。省躬思過，勉圖自新，尚資文武羣臣協恭職業，以匡朕不逮。

所有寬恤事宜，條示於後。一、文武官吏、監生、生員、軍民人等，有爲事做工、運磚、運灰等項，悉宥其罪。官吏、軍校復還職役，監生、生員仍復肄業。匠仍當匠，民放寧家。其文職官吏犯贓罪者，仍罷歸爲民。

〇五六五　正统八年五月二十八日　营建三法司詹事府毕工

遣工部

尚書王巹、左侍郎張琦分祭司工之神。以營建刑部、都察院、大理寺、詹事府畢工也。

《明英宗实录》卷一〇四

〇五六六　正统八年五月二十八日　赦天下

戊寅，雷震奉天殿鴟吻。上輟朝祭告，勑修省求直言。壬午，赦天下。

《明通鉴》卷二三

〇五六七　正统八年五月二十八日　大赦

八年五月戊寅，雷震奉天殿鸱吻，敕脩省。壬午，大赦。

《明会要》卷六七

〇五六八　正统八年五月　雷震奉天殿

雷震奉天殿。

《历代通鉴辑览》卷一〇三

〇五六九　正统八年六月初二日　命建南京武学

乙酉，命建南京武學。

《明英宗实录》卷一〇五

〇五七〇　正统八年六月初四日　翰林院侍讲刘球下狱死

翰林院侍講劉球下獄死。球上疏言，臣按春秋而知君心之所感，天心之所應，有如響之應聲，影之隨形。國家成敗興亡，莫不繫之。董子所謂國家失道，天乃先出災害以

《明英宗实录》卷一〇五

譴告之。不知自省，又出怪異以警懼之。此天心仁愛人君，欲止其亂也。人君遇天戒可不嚴於脩省哉。昔者桑穀生朝，大戊脩政①而殷道興。雉雊于鼎，武丁正德而殷邦靖。旱魃為虐，宣王脩行而王化行。皆能脩省以奉天，故天災之降不為其國害，反為其國福也。昨者雷震奉天殿鴟吻，皇上素服輟朝，下省躬之詔，出惕懼之言。今羣臣各脩厥職，脩省之意至矣。固足以荅天意而弭災異矣。臣竊以為，今日脩省之當先者②其事有十。

七、罷營作以蘇人勞。夫土木之工不息，則天地之和有乖。故春秋於營築之事，③悉書以示戒者為此也。今京師營作之興已五六年，雖不煩民而皆役軍，然軍亦國家赤子。須之禦暴而赴闕，豈可獨役而不卹。況今營築多完，宜罷其工以蘇人力。

命五府六部都察院集議。咸言，琛所言惟擇太常寺官當從之，請令吏部推舉。翰林脩撰董璘聞之，遂自乞為太常寺官。球坐璘累，亦下錦衣衛獄。數日，錦衣指揮馬順以球病死聞，碎其屍棄之，順承中官王振意也。球字廷振，江西安福縣人，自幼言動不凡，長老目為國器。永樂辛丑進士，擢禮部儀制主事，正統初充經筵官，預修 宣宗實錄。成，改侍講。至是死於非命，士論惜之。正統已巳贈翰林學士，謚忠愍。

① 大戊脩政　舊校改大作太。

② 脩省之當先者　廣本抱本之下有所字，是也。

③ 於營築之事　廣本營作修。

〇五七一　正统八年六月初六日　平治朝阳门外道途　《明英宗实录》卷一〇五

平治朝陽門外道途。

〇五七二　正统八年六月十九日　修南海子等处桥

《明英宗实录》卷一〇五

修南海子紅橋、德勝關外土橋、東直門内大小橋。

〇五七三　正统八年六月　修南海子红桥

《图书集成·职方典》卷三七

八年六月修南海子紅橋。

〇五七四　正统八年七月初十日　国子监助教请择地改建太学

《明英宗实录》卷一〇六

癸亥，國子監助教李繼言，今宫殿告成，百司爲建，朝廷政令之所焕然一新。惟太學因元之舊，庳陋不稱，而土木肖像亦非古制。請擇地改建，洗陋規以宏新制。詩書議狀新監學，燈採知，故建言之。上曰，建學之事，朝廷自有處置，何用繼言。

①洗陋規　廣本陋作舊。

〇五七五　正统八年七月十八日　雷震南京西角门西角楼兽吻

权》卷二五

《明英宗实录》卷一〇六，并见《国

雷震南京西角門、西角樓獸吻。

〇五七六　正统八年七月十八日　雷震南京西角门楼兽吻

志》卷二下

《明史》卷二八，并见《同治上江两县

七月辛未，雷震南京西角門樓獸吻。

〇五七七　正统八年七月二十三日　命修天地坛大祀门等处

丙子，命修天地壇大祀等門，具服殿、天庫、神庫、宰牲亭、鍾樓、鑾駕庫等處。

《明英宗实录》卷一〇六

〇五七八　正统八年七月二十七日　濬南京城内外河

庚辰，濬南京城内外河。

《明英宗实录》卷一〇六

〇五七九　正统八年七月二十八日　赐金阁山灵真观名

守備獨石都督同知楊洪言，雲州堡之西衛有金閣山崇真宮者，其神往往能出光怪致靈驗。去秋臣巡徼至東京亭，猝遇虜寇五百餘騎。狼狽相持，虜勢張甚。臣默禱于神，虜隨遁去，竟全師而還。遂以私錢修飾祠宇，今已畢事。乞賜勅額及道流住持。上賜名爲靈真觀，令度道士往主之。

《明英宗实录》卷一〇六

〇五八〇　正统八年七月二十九日　命师生暂讲肄于故都察院

《明英宗实录》卷一〇六

以修国子监，令师生暂讲肄于故都察院。

〇五八一　正统八年七月二十九日　修国子监

《国榷》卷二五

壬午。修國子監。

〇五八二　正统八年七月　命工部新建太学

《大政纪》卷一一

七月，命工部新建太學。

〇五八三　正统八年八月初三日　以营建国子监祭告孔子

乙酉，以營建國子監遣工部尚書王巹奉告先師孔子。

《明英宗实录》卷一〇七

〇五八四　正统八年八月初三日　营国子监

乙酉。營國子監。

《国榷》卷二五

〇五八五　正统八年八月初十日　免宋儒嫡派子孙差役

詔復宋儒周敦頤、程顥、程頤、司馬光、朱熹子孫。先是順天府推官徐郁言，諸儒俱有功聖門，宜恤其子孫，俾修祠墓免致廢圮。 上命所司訪求，

《明英宗实录》卷一〇七，并见《明英宗宝训》卷一

至是以聞。上曰，我朝崇儒重道，①有隆無替。今去諸儒未遠，苟弗恤其子孫，豈崇重之意乎。然恩典亦不可濫，其嫡派子孫宜免差役。

① 崇儒重道 廣本作崇重道學。寶訓與館本同。

○五八六　正统八年八月十三日　安成大长公主薨命工部营葬

安成大長公主薨。公主太宗文皇帝第三女，母仁孝文皇后，洪武十七年生，三十五年冊封安成公主，下嫁駙馬都尉宋琥。宣德初進號長公主，正統初加號大長公主。至是薨，享年六十。訃聞。上輟視朝一日，遣中官賜祭，命工部營葬。

《明英宗实录》卷一〇七

〇五八七　正统八年八月　南京殿宇灾　《明书》卷八五

八月，南京殿宇災。

〇五八八　正统八年九月初七日　命有司给物料工匠修造宁化王府　《明英宗实录》卷一〇八

寧化王濟煥奏，臣府居年久損敝，及第六子美端年長未建居第。乞賜物料，并存留本府備邊旗軍修造。上以軍士防邊，不允留。物料、人匠皆命有司給與，仍以科擾害民戒之。

〇五八九　正统八年九月初八日　修完奉天殿鸱吻　《明英宗实录》卷一〇八

修完奉天殿鴟吻。

〇五九〇　正统八年九月十五日　修南京礼部

修南京禮部。從右侍郎趙新奏其朽敝也。

《明英宗实录》卷一〇八

〇五九一　正统八年九月十六日　允安成大长公主与驸马合葬

錦衣衛指揮僉事宋鉉請奉其母安成大長公主與父駙馬都尉琥合葬，且求看墳人戶。禮部言，舊無公主駙馬合葬例，惟永安公主與駙馬都尉袁容，其子私自合葬。上曰，合葬古禮也。從之。第不允其墳戶。

《明英宗实录》卷一〇八

〇五九二　正统八年九月二十日　塑宋儒像于孔子庙庑

辛未，塑宋儒胡安國、蔡沈、真德秀像于孔子廟廡。

《明英宗实录》卷一〇八

〇五九三 正统八年十月初一日 谕严南海子禁例

《明英宗实录》卷一〇九，参见《日下旧闻考》卷七五

上御奉天门谕都察院臣曰，南海子先朝所治，以时游观，以节劳佚。中有树艺，国用资焉。往时禁例严甚，比来守者多擅耕种其中，且私鬻所有，复纵人刍牧。尔其即榜谕之，戒以毋故常是蹈[①]，违者重罪无赦。于是毁近垣民居及夷其墓，拔其种植甚众。

①故常是蹈 广本作蹈为故常。

〇五九四 正统八年十月初九日 造光禄寺养牲房

《明英宗实录》卷一〇九

造光禄寺养牲房。

〇五九五　正统八年十月十三日　命除顺德长公主坟所占民地税

甲午，顺德長公主墳占順天府宛平縣民地二頃五十畝，命有司除其税。

《明英宗实录》卷一〇九

〇五九六　正统八年十月二十日　永和昭定王享堂用黑瓦

辛丑，永和王子美塢奏，臣父永和昭定王薨，蒙 皇上推親親之恩，命有司脩先母墳合葬。緣母墳享堂用緑琉璃，今歲久損壞，無能燒作者。乞以賜臣。 上曰，既無琉璃，止用黑瓦可也。

《明英宗实录》卷一〇九

〇五九七　正统八年十月二十六日　修国子监大成殿圣贤碑位祭器

修國子監大成殿聖賢牌位、祭器。

《明英宗实录》卷一〇九

○五九八　正统八年十月二十七日　不以民田为庆成王妃坟茔神路

戊申，慶成王美埥奏，妃墳塋外民地①一十二頃有奇，乞賜爲神路，以便往來。事下户部議，以非舊制，且皆民耕種以納税者。上曰，違制厲民，理所不可，其已之。

《明英宗实录》卷一〇九

① 民地　廣本地作田。

○五九九　正统八年十月二十八日　增置御马监仓

增置御馬監倉。

《明英宗实录》卷一〇九，参见《国榷》卷二五

〇六〇〇 正统八年十一月二十三日 致书郑王可移国怀庆

致書鄭王瞻埈曰，今河南三司官奏，所修王府已完。書至，叔可自擇便利月日，移國於懷慶。仍先奏來，令有司預備腳力。

《明英宗实录》卷一一〇

〇六〇一 正统八年十一月二十六日 晋恭王坟未立碑文石人石马

丁丑，寧化王濟煥奏，臣父晉恭王墳所尚未蒙賜立碑文，及石人、石馬。乞勅該部建立，以光榮臣父於九泉存沒，不勝感恩之至。事下，工部稱無例，寢之。

《明英宗实录》卷一一〇

○六○二　正统八年十二月初八日　命依例祭祀看守静慈仙师坟园

《明英宗实录》卷一一一

命太常寺，静慈仙師墳園凡遇時節依例祭祀。復勑户部、順天府曰，今静慈仙師墳園已完，其原看金山墳二十户見在者六十名，及先退回漷、東安二縣五十三名，俱令於墳園邊原撥官地内居住，種作看守墳園，供應灑掃等事。一應糧差，悉皆優免。凡遇墻垣、祠宇損壞，聽看墳官提督修理。永清公主墳園一體看守，敢有奸懶逃躲者罪之。

○六○三　正统八年十二月十五日　营建静慈仙师坟园毕

《明英宗实录》卷一一一

以營建静慈仙師墳園畢，遣官告謝金山之神。[1]

① 告謝金山之神　廣本謝作祭。

〇六〇四　正统八年十二月十七日　营建国子监讫工

《明英宗实录》卷一一一

丁酉，营建國子監訖工。遣祭酒李時勉致告先師孔子，工部尚書王巹告謝司工之神。

〇六〇五　正统八年十二月十七日　国子监成

《国榷》卷二五

丁酉。國子監成。

〇六〇六　正统八年十二月二十三日　改平凉衙署为通渭王襄陵王府第

先是，以陕西平凉县为韩府，通渭王府，改杂造局为县。至是襄陵王复乞以局为子女府第，上从之。命改高凉驿为平凉县，徙驿于城北门外。

《明英宗实录》卷一一一

〇六〇七　正统八年　雷震奉天殿吻

正统八年，雷震奉天殿吻，诏求言。

《玉堂丛语》卷四，并见《寄园寄所寄》卷六

○六○八　正统八年　雷震奉天殿

八年，雷震奉天殿。

《罪惟录》传卷一三

○六○九　正统八年　重建左庙右学

《明太学志》卷一

永樂二年，始以北平府學爲北京國子監，今太學是也。里曰崇教坊，在都城東北隅，即元國學遺址。洪熙元年，北京諸司皆稱行在。正統六年定都于北，乃革行在，稱國子監。八年，重建左廟右學，南廱六堂，居大堂之後。兹則分列于廟，諸弘規宏畫，一視皇祖之舊，未有異也。

〇六一〇　正统八年　作京师先师庙

《明太学志》卷一，参见道光朝《国子监志》卷一

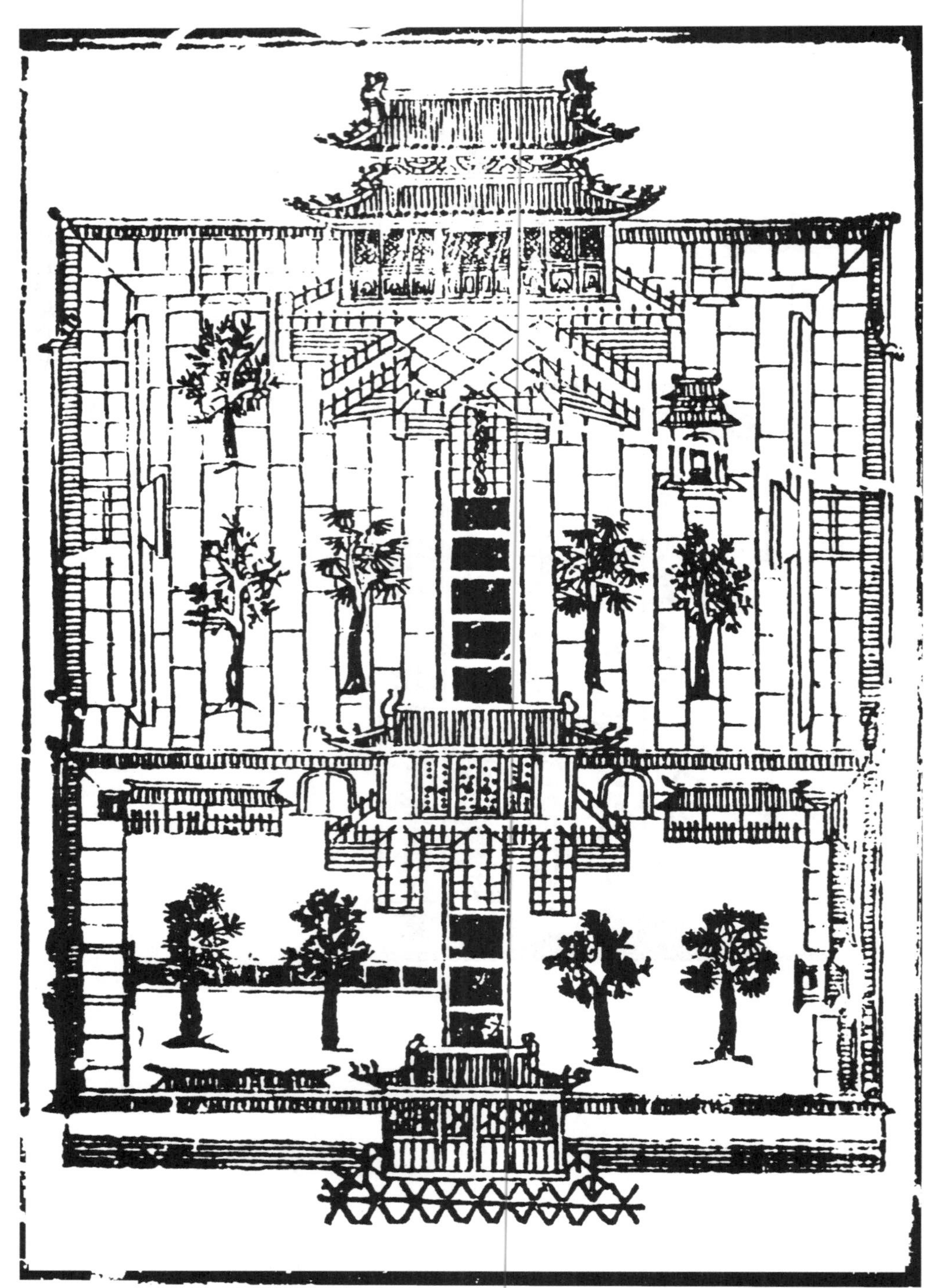

右先師廟圖

按，漢世京師未有夫子廟。後魏太和十三年，始立廟於京師。唐高祖武德二年，於國子監立周公、孔子廟各一，以四時致祭。貞觀二年，從左僕射房玄齡議，停周公祭，升夫子為先聖，專祀焉。歷代因之。前元置宣聖廟于燕京。舊樞密院地我

太祖高皇帝初平江淮，即詣學謁孔子。後建學金陵，作先師廟，遂親行釋奠之禮。每歲春秋上丁，則降

御香，遣官致祭。

列聖以來，視學釋奠，率敦彝典。至我

皇上，獨再舉焉。二丁非輔弼大臣不遣。故今廟址雖循元舊，而制度之崇，典禮之容，則非前代所能及矣。

廟制

洪武十五年春作先師孔子廟。今在南京太學左。夏四月，詔天下通祀孔子。茲廟則正統八年作也。正殿七間，舊稱大成殿，今題曰先師廟。高三丈六尺，闊十三丈一尺，深七丈一尺。露臺東西八丈八尺，南北四丈五尺，基高六尺。上有石欄杆，前有石階級，左右石階級各一。殿之東設為祭器庫十一間，高一丈五尺。每間闊一丈三尺，深一丈三尺，基高一尺八寸。西掖爲樂器庵十一間，高濶深入與祭器庫同。

東廡十九間，高一丈八六尺。每間闊一丈三尺，深一丈八尺，基高二尺。當廡門之中，有小階級。西廡間數并階級同。内墀東碑亭一座。

御製新建太學碑樹焉。（碑文見前。）西井一口，石甃。兩墀雜植松、檜、槐、柏共六十一株。兩廡之南折而北向，爲東西序各十一間，門各二，高一丈五尺。每間闊一丈三尺，深一丈三尺，基高一尺八寸。兩序之中爲大成門，今題曰廟門，五間，中門三。東西各列戟十二。（宋大觀四年置，今撤。）門高二丈六尺，闊七丈九尺，前後深四丈八尺，基高五尺。週環石欄杆，前後各石階級三門内石鼓各五。西石鼓文音訓碑一通。（别録于後。）門外東神厨五間，宰牲亭三間，井亭一座，井一口，石甃。西神庫五間，持敬門一間，致齋所三間，外墀東元加封聖號詔書碑一通。（大德十一年七月十九日建碑，文録祀典下。）西元加封先聖父母妻并顔、曾、思、孟制詞碑一通。（至順二年九月建，制詞亦録祀典下。）東西各有南北對廊，樹歷科進士題名碑。（今四十七座。）雜植松、栢共五十七株。櫺星門三間，隔𨷻為屏墻，下地一方，東西闊七丈五尺，深四丈，為木欄以護焉。

〇六一一　正统八年　先师庙后启圣公祠图制

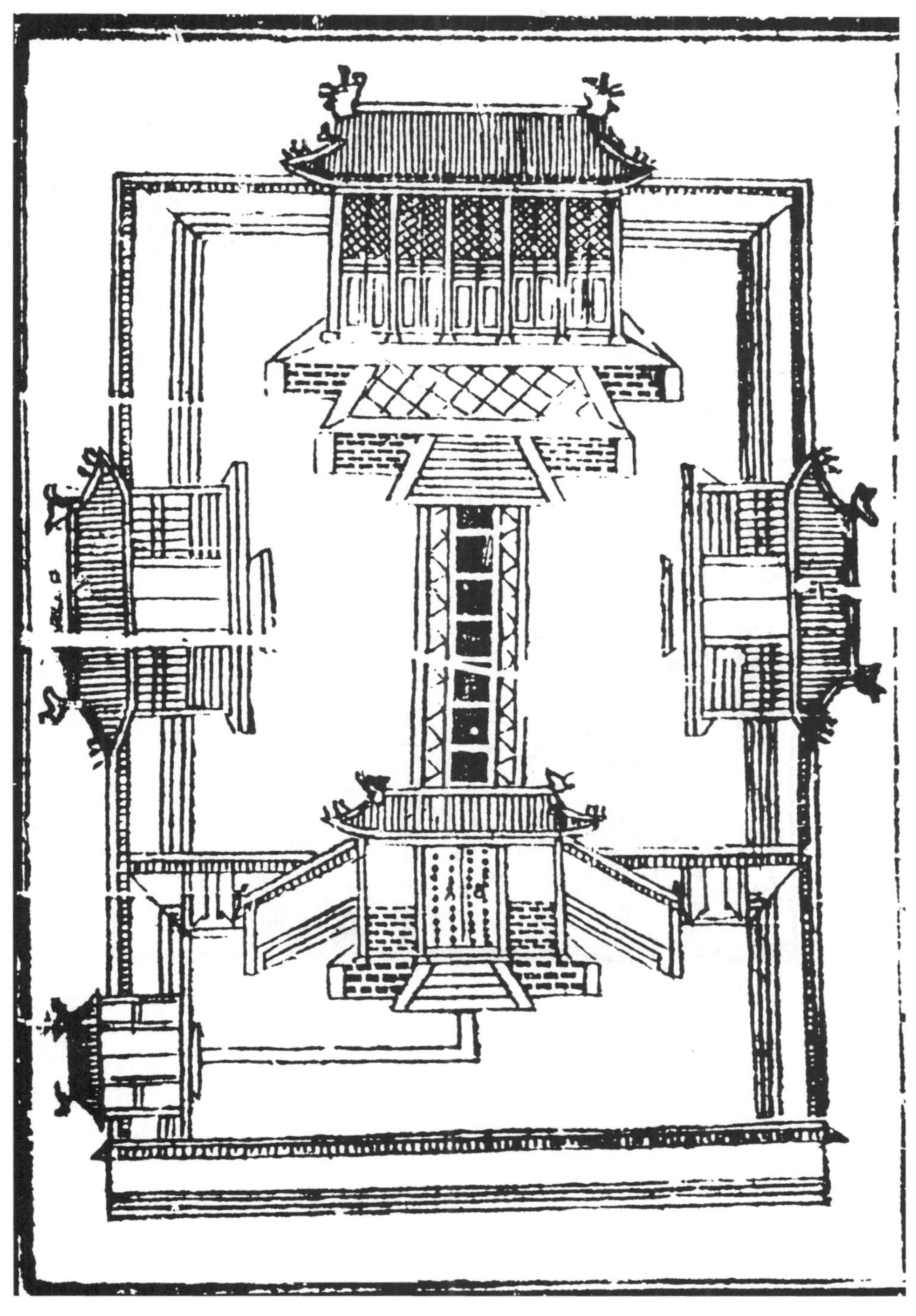

《明太学志》卷一，参见道光朝《国子监志》卷一

右啓聖公祠圖

祠制

祠在先師廟後，僧典簿典籍廳藏用所地也。祠南嚮。正堂五間，高三丈，闊七丈八尺，深二丈五尺，露臺高五尺五寸，直長二丈五尺，闊五丈。前有石階一級。東西從祀堂各三間，高二丈，闊三丈七尺，深一丈三尺。祠門三間，高二丈，闊三丈，深二丈六尺，基高一尺五寸。前左右階級。門兩旁為周垣，後各有門，以通拜謁。外由西出大門一間，高二丈六尺，闊一丈八尺，深二丈八尺。門外即廣儲門之通路。

○六一二　正统八年　国子助教请择地改建太学

正統八年。國子助教李繼。上言宮殿將成。惟太學尚仍元舊。且土木肖像不稱。亦非古制。請擇地改建。上曰。朝廷自有措置。不允。

《万历野获编》卷一四

○六一三　正统八年　移德州仓三之一为京通仓

八年，移德州倉三之一爲京通倉。

乾隆朝《德州志》卷二

○六一四　正统八年　改建荆王府

藩封。荆王府在蘄州西麒麟山之陽，正統八年以蘄州衛改建。　都昌王府　樊山王府　富順王府　永新王府　德安王府俱同城。

《明一统志》卷六一

〇六一五　正统八年　迁建荆王府

荆王府在蘄州西麒麟山之陽。正統八年自江西建昌府遷此，以蘄州衛改建。都昌王府在州西六十步。都梁王府在州西南一里文明門西。樊山王府在州東南一里文明門東。

嘉靖朝《湖广通志》卷四

〇六一六　正统八年　迁郑王府于河内

懷慶府元懷慶路，直隸中書省。洪武元年十月爲府，屬河南分省。領縣六。東南距布政司三百里。

河內倚。永樂二十二年建衛王府。正統三年除。八年，鄭王府自陝西鳳翔府遷此。

《明史》卷四二

〇六一七　正统八年　修盖大能仁寺四天王殿

録胡濙大能仁寺記略　京都城內有寺曰能仁，實元延祐六年開府儀同三司崇祥院使普覺圓明廣照三藏法師建造。逮洪熙元年，仁宗昭皇帝增廣故宇而一新之，特加賜大能仁之額，命圓融妙慧淨覺宏濟輔國光範衍教灌頂廣善大國師智光居之。其殿堂樓閣，高明宏壯，像設莊嚴，彩繪鮮麗，禪誦有室，鐘鼓有樓，庖湢庫庾，幡幢法具，靡不完美。惟四天王殿以及廊廡頹圮弗稱。正統八年冬，少監孔哲重新修蓋，并塑四天王像，正統九年甲子七月立。　五城寺院冊

《日下旧闻考》卷五〇

○六一八　正统八年　赐安化寺额

《图书集成·职方典》卷四五

行國錄。安化寺，正統八年賜額，有光祿卿雲閒張天駿碑記。

编者按：据同书所引《京师五城坊巷胡同集》，寺在京师崇南坊。

○六一九　正统八年　赐白马寺额

《图书集成·职方典》卷四五

析津日記宣南坊白馬寺，隋刹也。殿後尊陀羅尼幢上刻仁壽四年正月上旬造。寺重建於洪熙元年。正統八年賜額。有翰林學士南昌張元禎、工部尚書直文淵閣嘉禾張文憲二碑。其東有僧塔。塔前有古碑，已爲侵占者所毁矣。

○六二○　正统八年　赐福安寺额

《日下旧闻考》卷四八

福安寺在瓦岔衚衕，有正統年間通政司左通政陳恭撰碑，載寺始於元至正間，厥後惟存大殿一區，明永樂中始搆僧舍數楹，宣德七年興修，至正統癸亥落成，奏聞特賜今額云。

○六二一　正统八年　赐弘庆寺额

《日下旧闻考》卷五二

原 弘慶寺在順天府西，舊名黑塔寺，正統元年改建。明一統志

〔臣等謹按〕黑塔寺在南小街冰窖衚衕，青塔寺在阜成門四條衚衕，相距里許，皆無塔，亦皆無寺額，獨各有碑可考耳。

增 張益弘慶寺碑畧　都城阜成門内朝天宫白塔之西有寺，曰黑塔者，建自前代，廢圮已久。正統丁巳，住持一清募資修造，經始於是年之春，落成於癸亥之秋。爲佛殿者一，天王殿者一。前闢山門，後開方丈，伽藍齋堂廚庫在其左，祖師禪堂在其右。請額於朝，賜額爲弘慶禪寺，正統十四年夏四月立。

增 胡濙弘慶寺碑畧　弘慶寺在朝天宫右，舊曰黑塔寺。正統二年成國公朱勇、修武伯沈清新之。正統八年，奏請賜額曰弘慶，正統十四年立。

○六二二　正统八年　建白云观衍庆殿

《日下旧闻考》卷九四

增胡濙重修白雲觀碑略　白雲觀在都城西南三里許，乃邱真人藏蜕之所。洪武二十七年，太宗文皇帝居潛邸時，重建前後二殿，廊廡庫廚及道侶藏修之所。宣德三年，太監劉順建三清殿。正統三年，道士倪正道募建玉皇閣。正統五年，復建處順堂以奉長春。正統八年，建衍慶殿於玉皇閣之前，重修四帥殿及山門，建靈星門於外。繚以周垣，植以嘉木。兹觀至是始大，視舊有加云。正統九年立石。

○六二三　正统八年　赐元真观额

康熙朝《江宁府志》卷三二，参见《图书集成·职方典》卷六六一，乾隆朝《上元县志》卷一二

元眞觀在中和橋北。明永樂十八年爲勅封奴慧仙姑建，名元眞堂。正統八年賜觀額，并道藏。考金陵新亦有元眞觀，疑武地改而名沿云。

〇六二四　正统八年　赐天寿圣恩禅寺额

天壽聖恩禪寺在鄧尉山之右。唐天寶間建天壽禪寺。宋寶祐間又建聖恩禪菴。元季寺燬菴存。萬峰禪師時蔚開山説法。本朝洪武九年，闢建觀音閣，徒普壽構法堂。又徒普隱等建大殿、齋厨、三塔院。又徒普持鑄巨鐘，建層樓。永樂七年，智璿重修大殿，建藏經閣、天王殿、方丈、山門、寮庫、碧照軒。正統八年僧道立奏請，賜今額。

崇祯朝《吴县志》卷二五，并见《图书集成·职方典》卷六七八

〇六二五　正统八年　赐武昌府永寿寺额

永壽寺在州西①六十里，正統八年賜額。

嘉靖朝《湖广图经志书》卷二，并见康熙朝《武昌府志》

① 编者注：兴国州。

正统九年

（一四四四年一月二十日至一四四五年二月六日）

○六二六　正统九年正月十七日　命给郑府迁府口粮脚力

郑世子祁鍈奏，近奉敕命臣迁府于怀庆，缘臣父王并合宫俱蒙赐给脚力。然内外随从官员及执事旗校办膳人等口粮，脚力马匹草料，府中俱无措办。亦望赐给。上悉从所请，令经过有司给之。

《明英宗实录》卷一一二

○六二七　正统九年正月　新建太学成

甲子九年春正月新建太學成。帝視學，謁先師。

《昭代典则》卷一五

○六二八　正统九年正月　新建太学成

甲子正統九年，正月　朔。

新建太學成。

《大政纪》卷一一，并见《明书》卷八

〇六二九　正统九年正月　新建太学成

《国朝典汇》卷六四，参见《图书集成·职方典》卷三，《日下旧闻考》卷六六

九年正月新建太學成。先是，太學猶因元陋。吏部主事李賢上言，國家建都北京以來，太學日就廢弛，佛寺時復修建。舉措外錯，何以示法天下。請以佛寺之費修舉太學，以示養賢及民之意。從之。至是，太學成。上臨視，祗謁先聖，行釋奠禮。退御彝倫堂，祭酒李時勉講堯典克明德一章。上喜甚，京師翕然快覩。

〇六三〇　正统九年正月　新建太学成

《罪惟录》纪卷六

正統九年甲子春正月，新建太學成，帝行釋奠禮。

○六三一　正统九年二月十五日　敕谕礼部择日祇谒孔子

乙未，勅諭禮部曰：國家建學丕隆文教，以圖化理。今太學新成，朕將祗謁先師孔子，勸勵師生。爾禮部其擇日具禮儀以聞。

《明英宗实录》卷一一三

○六三二　正统九年二月二十一日　命修南京钦天监观星台

命修南京欽天監觀星臺，從本監官奏請也。

《明英宗实录》卷一一三

○六三三　正统九年二月二十三日　命枷天文生于观星台下

天文生陳伯武私言，觀星臺券門下車馬往来，震動風水。今聖駕將幸國子監，

《明英宗实录》卷一一三

若得過臺一視，依南京移置殿前爲便。校尉得其語以聞。命枷之臺下，以戒妄言者。

〇六三四　正统九年二月三十日　命于左顺门晚朝

上命自三月初一日爲始於左順門晚朝。

《明英宗实录》卷一一三

〇六三五　正统九年二月　新建太学成

是月，新建太學成。先是，太學因元陋，吏部主事李賢上言，國家建都北京以來，太學日就廢弛，佛寺時復修建，舉措乖舛，何以示天下。請以佛寺之費修舉太學。李時勉亦言之。詔始營建，至是遂成。

《明通鉴》卷二三

〇六三六　正统九年三月初一日　上幸国子监

《明英宗实录》卷一一四

正統九年三月辛亥朔，　上幸國子監。前期一日，國子監灑掃殿堂，錦衣衛設御幄于大成門東，南向，設御座于彝倫堂。至日，太常寺陳設祭品於各神位前，酒罇爵如常儀。設　上拜位於先師神位前。正中鴻臚寺設御案于堂内，置經于其上，設講案于堂西南。錦衣衛設鹵簿，教坊司設大樂，俱于午門外。百官朝退，先詣國子監門外迎駕。陪祀官先詣國子監，具祭服伺候行禮。駕出，鹵簿大樂以次導行，樂設而不作。學官率諸生迎駕於成賢街左。駕至，學官及諸生跪，俯伏叩頭，興。學官陪祭。①諸生先由太學東西小門入，列於堂下，東西序立。駕入靈星門，鹵簿大樂俱止門外。　上至大成門外，入御幄。禮官奏請具皮弁服，次奏請行禮，導引官導　上出御幄，由中道詣大成殿陛　上②。與儀唱執事官各司其事，執事官先斟酒於爵。侯導引　上至拜位，贊奏就位。百官亦各就拜位。四配十哲分獻官各詣殿陛東西階下，兩廡分獻官各詣廡前，俱北向立。贊奏，　上鞠躬，拜、興。拜、興，平身。通贊百官行禮同。贊奏搢圭。　上搢圭。執事官跪進爵，上受爵，獻畢。復授執事官，奠于神位前。奏出圭。　上出圭。四配十哲兩廡分獻官以次詣神位前，奠爵訖。以次復位立。贊奏，上鞠躬，拜、興，拜、興，平身。通贊百官行禮同。導引官導　上由中道出，分獻官以次退。　上入御幄，易常服訖。禮官奏，請幸彝倫堂。　上升輿。禮官導③由靈星門出，從太學門入。學官諸生各東西分列序立，官前生後。駕至，學官諸生跪候駕過，然後起，仍序立。百官分列堂外稍上，左右侍立。　上至彝倫堂升御座，贊學官、諸生行五拜叩頭禮，仍序立於堂下。三品官以上及翰林院學士升堂，執事官各以次序立。贊進講。祭酒、司業以次升，由堂西小門入，至中堂。執事官舉案于 御前。禮官奏，請授經于講官。講官跪受。 上賜講官坐。講官以經置講案，就西南隅几榻坐。 上賜武官都督以上，文官三品以上及翰林院學士坐，皆叩頭序坐於東西。諸生圜立以聽。祭酒李時勉講尚書帝庸作歌章畢，叩頭退復位。司業趙琬講周易乾九五文言畢，叩頭下堂復位。贊唱有制。學官諸生列班，俱北面跪聽制諭。制曰，宣聖之道，萬世所宗。在爾師生，理當修進，臻于至極，尚其勉之。贊行五拜叩頭禮畢。學官諸生以次退。先從東西小門出，仍於成賢街列班伺候。尚膳監進茶 御前。 上命光祿寺賜各官茶。畢，各官退列堂門外，叩頭序立。駕興，升輿，由太學門出，升輦，鹵簿大樂前導，樂作，駕出太學門。學官諸生候駕至，跪叩頭，退。百官常服先詣午門外俟候④駕還，鹵簿大樂止於午門外。上御奉天門，鳴鞭。百官常服，鴻臚寺致詞，行慶賀禮。鳴鞭畢，駕輿還宮。百官退。

① 陪祭 廣本抱本祭作祀。
② 陛上 抱本上作下。
③ 禮官導 廣本抱本導上有前字，是也。
④ 俟候 廣本俟作伺。

〇六三七 正统九年三月初一日 上幸太学

正統九年三月初一日

上幸太學。此在本監 先是二月十五日

勑禮部曰：國家建學丕隆文教，以圖化理。今太學新成，朕將祗謁先師孔子，勸勵師生。爾禮部其擇日具禮儀以聞。故諭。禮部擇日具儀注奏行。

《明太学志》卷五

○六三八　正统九年三月初一日　释奠于先师孔子

《明史》卷一〇

三月辛亥朔，新建太學成，釋奠於先師孔子。

○六三九　正统九年三月初一日　幸太学

《明会要》卷一三

三月辛亥朔，幸太學，釋奠先師。祭酒李時勉當進講，會久病。及升堂講尚書，詞旨清朗。上悅、賜予有加。本紀及時勉傳。

○六四〇　正统九年三月初三日　御制重建太学碑

《明英宗实录》卷一一四

癸丑，祭酒司業率學官監生謝恩。上賜敕諭之曰，朕惟君師之道，莫盛於堯舜禹湯文武。孔子述而明之，爲天下後世楷範，功尤大焉。朕祗承祖宗成憲，景仰大猷，新建太學，益隆文教，茂育賢才。躬謁先師孔子，勸勵師生。夫化民成俗，本之躬行，秉德建功，由有實學。詩曰，不愆不忘，率由舊章。又曰，思皇多士，生此王國。朕服膺古訓，以圖化成。

尚期爾師生講學修德，勉臻成效，庶副我國家崇儒重道之意。祭酒捧勅至監，開讀如常儀。　御製重建太學碑曰，　皇天仁愛下民，必簡命聖人君之師之。聖人得位，則兼君師之事，如伏羲神農黃帝堯舜禹湯文武是已。不得乎位，則專師之事，以立教垂範，孔子是已。兼君師者，道施於當時。專師事者，教被於後世。然非得孔子立教，則雖前有伏羲神農黃帝堯舜禹湯文武，世莫之知矣。故曰，自生民以來，未有盛於孔子。孔子之功，萬世之功也。孔子所為教，其道仁義道德，其事父子君臣，尊卑內外。其器易書詩春秋禮樂，皆本於天也。凡為天下國家者，誠能純用孔子之道，則天地以位，萬物以育。彼其名為用孔子之道，而效不至焉者，信用之弗篤，加有異術邪說間之也。我國家自太祖高皇帝、　太宗文皇帝、　皇祖、　皇考，聖聖相承，恭天成命顯顯焉，一惟孔子之道是尊。於凡施政教取人理民，一惟孔子之道是用，不雜他術。自國都至於四方郡邑、海隅邊徼，靡不建學設教，崇祀先師。海外番國及蠻夷酋長，皆慕仰德化，遣子入學。蓋歷世以來，尊尚孔子未有如我　祖宗之世之盛者也。朕以涼德，祗承天序，欽惟古昔之大典，　祖宗垂統之盛心，夙夜孜孜，罔惟善繼。北京故有學在宮城之艮隅，庳隘弗稱。乃正統八年秋[1]，命有司撤而新之。左廟右學，高廣靚深，所以奉明靈[2]，居來學。凡百所需，靡不悉備，材出素具，役不及民。明年春成，朕躬釋奠於先師，循古典也。退即學之彝倫堂，命儒臣講經，公卿大夫及百執事之臣，逮掖之士，兵衛之帥，拱侍而聽，殆以萬計。已而有司請如故事，紀其成於碑。嗟夫，孔子之道，爲天下國家者，不可一日以闕。學校之教，於化民育才者，不可一日以息。刬京師首善之地，所係之重且大乎。敕書諸貞石，昭示我後人。俾咸務欽承用，丕顯皇明治化之盛，與天地日月相爲悠久云。

① 乃正統八年秋　廣本乃下有于字，是也。

② 奉明靈　廣本明靈作靈明。

○六四一　正统九年三月初八日　郑府虽迁所占官民田园仍与王

《明英宗实录》卷一一四

鎮守陝西都督同知鄭銘等奏，鄭府今既移國懷慶，請將鳳翔、寶雞二縣官田，并所買民人田園，退還官民承種起科納糧。上以親親故，仍以與王。

○六四二　正统九年三月十一日　命河南布政司拨郑府岁禄

辛酉，鄭府移
國懷慶，命河南布政司定撥歲禄，陝西布政司住撥。

《明英宗实录》卷一一四

○六四三　正统九年三月十六日　命修卢沟桥通州白河富河桥

命修盧溝橋，通州白河、富河橋。

《明英宗实录》卷一一四

○六四四　正统九年三月二十八日　以朝阳门外旧木厂地饲马

蠲朝陽門外舊
木廠地租税。令神機營、五軍大營圍子手、錦衣衛、府軍前等衛
圉槽飼馬於其地。

《明英宗实录》卷一一四

〇六四五　正统九年三月　上幸国子监

朱国祯《大政记》卷一四

三月辛亥朔。上幸國子監。祭酒李時勉講充明峻德章。御製重建太學碑文。

〇六四六　正统九年四月初五日　永平大长公主薨命有司营葬

《明英宗实录》卷一一五

甲申，永平大長公主薨。公主　太宗皇帝第二女，洪武二十八年封為永平郡主，下嫁儀賓李讓。永樂元年封永平公主，讓為駙馬都尉。宣德初進封長公主，王統初[①]加封大長公主。至是薨，享年六十有六。訃聞，上輟視朝一日，遣官賜祭，命有司營葬。

① 王統初　抱本王作正，是也。

○六四七　正统九年四月十二日　遣使册封楚王及各郡王　《明英宗实录》卷一一五

辛卯，遣黔國公沐儼①等為正使，給事中劉海②等為副使，各持節冊楚莊王第二子黔陽王季埱為楚王，第四子季堄為大治王③，唐王嫡長子芝墑為唐世子，嫡次子芝址為舞陽王，新野悼懷王嫡長子芝城為新野王，慶靖王第六子秩炅④為安塞王。

① 沐儼等　廣本無等字，誤。

② 劉海等　廣本無等字，誤。

③ 大治王　抱本治作治，是也。

④ 秩炅　抱本炅作靈。明史諸王表與館本同。

○六四八　正統九年四月十二日　遣旗军采取材木建马坊　《明英宗实录》卷一一五

太保威國公朱勇等言，今欲建馬坊於朝陽門外，請遣官領旗軍於易州等處採取材木。上曰，所遣官軍，其嚴約束之，毋擾民，毋傷稼[1]。違者必罪不宥。

① 毋傷稼　廣本無毋字。

〇六四九　正统九年四月十五日　敕六部等庶政之施务求至当

《明英宗实录》卷一一五

甲午，勅六部、都察院、順天府曰，朕祗承大統[1]，惓惓以奉天恤民為心。凡庶政之施，悉託爾六卿[2]諸司，推誠竭公，輔予於理，必民康事濟，乃為克稱。近聞其中敬慎盡心於職務者，固多有之。然亦或有不知所重，不念民艱，事至畧不加意，以至行之有弗戾者。且如科買物料一事，該部不審事之當否，輒便援例請行。朝廷以爾職掌，安得不從。既而行有錯繆，誤事勞民，遂致言者踵至。其咎安在。自今爾等宜體朕心，夙夜勉圖盡職。凡事必須同心協謀，酌量裁處，務求至當。或狃於舊例有所不便者，計議奏聞處置。如遇造作等項急用物料，止於官庫閱[3]用。有不敷者，方許明白具奏。先給官價收買，不許擾民，庶副朕仁恤元元之意。若復因循苟且，曠官廢事及朦朧具奏。一槩科擾重困小民，則譴有攸歸矣。夫爵賞刑罰國之大典，進退黜罰，朕豈敢私爾等。其欽承之。

① 朕祇承大統　廣本祇作祗。

② 六卿　廣本卿作部。

③ 止於官庫關用　廣本用作支。

〇六五〇　正统九年四月三十日　令卢沟巡检司巡逻卢沟桥堤

《明英宗实录》卷一一五

工部請令蘆溝巡檢司巡邏蘆溝橋及固安隄，毋令損壞。從之。

○六五一　正统九年五月二十一日　韩王薨命有司营葬事

《明英宗实录》卷一一六

庚午，韓王範圯薨。王韓恭王第三子，母八人鄭氏，正統二年封開城王，八年襲封韓王。至是薨，享年二十有五。訃聞。上輟視朝三日，遣中官致祭，謚曰懷。命有司營葬事。

○六五二　正统九年七月初二日　不允修葺西海河渎二庙

《明英宗实录》卷一一八

給事中劉益奉香帛往禱雨于西海河瀆。還奏二廟隘陋，請起蒲州民夫，免其秋糧，或并免本州採柴炭夫令修葺之。上曰，天既不雨，民方艱食，豈可復有興作，姑罷之。

○六五三　正统九年七月初十日　命大臣董修京仓

丁巳，命工部侍郎李賢董修京倉。

《明英宗实录》卷一一八

○六五四　正统九年闰七月初七日　南京守备奏南京大风雨雹灾

甲申，南京守備等官奏，七月十七日大風雨雹，壇壝、陵廟樹木、宮殿、門廊、馬戰舡①、城內外大小衙門，多被損壞，溺死軍民。上遣駙馬都尉趙輝祭告太祖高皇帝、慈孝高皇后曰：朕嗣承大統，顧惟涼德，治理有乖。比者，上天示警，風雨為災，良切祗懼，謹用祭告。伏惟聖靈，俯垂庇佑。并遣南京守備豐城侯李賢祭告鍾山之神，參贊機務兵部右侍郎徐琦祭告大江之神。遂勅賢、琦等，將所仆樹木，督工鋸解，不宜動土，嚴禁工人，各加謹慎②，不許喧譁、褻慢。凡剎

《明英宗实录》卷一一九

落魚脊、吻獸等件，俱令收拾，拘敲、汛掃潔淨。仍令該衙門修辦合用物料，候明年春擇日修理。所壞馬戰舡，并城內外各衙門，令工部及所在官司量宜以次修整。溺死之家，依例優卹。被災之人，有在官者，所司量蠲其役。其緊要關隘損益③，即令補完，無致疎虞。然南京國家根本之地，朕自即位以來，凡事減省，未嘗輕易勞民，恒恐有司奉行不至。今災沴若此，必有所致之由。爾等受朕重寄，各宜警省④，東率諸司，恪勤乃職，盡心撫恤軍民，不許分外一毫侵漁，致其嗟怨。操練軍馬，不許私役，妨廢武備。審察人情，關防奸偽，亦不許因緣生事擾人。凡彼中事務緩急、軍民利弊⑤，及不急之務，或可減省、停止者，即計議奏來，不許玩愒，自取罪愆。爾等欽承朕命，毋怠。

① 戰舡　廣本抱本舡作船。
② 各加謹慎　廣本抱本謹作敬，是也。
③ 其緊要關隘損益　廣本抱本益作壞，是也。
④ 各宜警省　廣本警作儆。
⑤ 利幣　廣本抱本幣作弊，是也。

〇六五五 正统九年闰七月初七日 敕谕修理天下岳镇海渎及祀典坛庙

《明英宗实录》卷一一九，参见《明英宗宝训》卷一

敕諭禮部、工部曰，朕惟國之大事，莫先於事神，肆古昔帝王咸用茲道。我國家自 祖宗以來，已有定制。朕嗣承大統，惓惓於茲。比聞天下嶽鎮海瀆，及府州縣社稷、山川、文廟、城隍及祀典神祇壇廟，歷年既久，多爲風雨損壞。有司不能時加修葺，風憲官巡歷所至，漫不加意，甚至縱容作踐褻瀆，致傷和氣。爾等其會同直隸、各府及各布政司，即設法備料修葺。工程大者，酌量事宜以漸葺完之日，擇人看守，務在敬慎，不許廢壞。仍令風憲官按臨巡視，其有廢壞不修及因循理害民者，①俱罪不宥。

① 因循理害民者 廣本抱本循作修，是也。

〇六五六　正统九年闰七月初九日　修宣府缘边城墙墩台

《明英宗实录》卷一一九

宣府右將叅[1]都督僉事朱謙奏，緣邊野狐嶺等處久雨，壞葛峪等堡、青邊等口城墻、壕塹、壕臺[2]甚多。乞借蔚州[3]等衛所軍餘相兼修理。永寧等處亦奏久雨壞城垣、墩臺，且其地近在天壽山後，當治修[4]。俱從之。

① 右將叅　舊校改將叅作參將。抱本右作左。
② 壕臺　廣本抱本壕作墩，是也。
③ 蔚州　抱本蔚誤徐。
④ 當治修　廣本作當卽修理。

○六五七　正统九年闰七月十八日　敕建娲皇庙成

雍正朝《山西通志》卷一九七

勑建媧皇廟碑

宋　拯

禮，法施於民則祀，以死勤事則祀，以勞定國則祀，能禦大菑則祀，能捍大患則祀。葢所以修崇德報功之典也，之五者且載諸祀典。矧媧皇氏立功於三五之前，敷德於羲農之際。煉石以補天，斷鼇以立極。嫁娶人倫，所以叙笙簧琴瑟。所由製與天地同，其覆載與日月同，其照臨與山河同。其流峙視法施於民，以死勤事，以勞定國，與夫禦大菑，捍大患者，相去霄壤邪。用是載在祀典，尸祝之，蒸嘗之。比年三例祀，三年遣大行人捧祝帛詣陵致祭。祀之嚴且謹，視嶽鎮海瀆為有加。陵寢在簡城東八里之侯村，創建於宋開寶癸酉。迄元大德癸卯，坤道失寧，棟宇傾覆。至元改元，羽士張志一重修。國初洪武

庚申，循故典遣大臣祭以太牢，歲春秋二仲暨季春，共三祀。著為常典，有司領之。前廟五楹，後宮三楹，廚庫、門

垣，靡不畢備。正統壬戌三月初十，當聖帝初度之辰，祀者勿戒於嚴，燬於回祿。正廟災，後宮存。邑令吾橋何公子聰，以甲科進士作尹於斯。政善人和，合其僚屬，將鼎新之請於朝，報可。乃捐貲為倡，庠之師生，邑之裕於貲者，從而和之。建正廟五楹，復添兩廊，廚庫、齋房、三門、鐘鼓等樓，共百餘楹。金碧燦爛，煥然一新。肖其容儀，凡所以揭虔妥靈者，悉倍於舊。經營於癸亥歲四月十八日癸卯，落成於甲子歲閏七月十八日乙未。工既訖，膠之

俊髦，邑之耆老，謂不鐫諸石無以見何公作倡，邑人助施之美意，授簡於予。嗟夫非閟宮有侐，無以揭虔妥靈，廟燬於回祿，倡建於何公，助施於邑人，是宜勒之貞珉以垂於悠久也。乃刊助施者姓名於碑後，復係以詞，俾歌以祀。詞曰，霍嶽兮蒼蒼，汾水兮泱泱，閟宮兮言言，水之澨兮山之陽。皇尸兮妥此，血食兮萬祀。胡祀者兮弗戒，回祿揚威兮一燬。賢令兮倡之，邑人兮和之。萬楹林立兮，萬瓦參差。皇靈兮來下，霍嶽崔嵬兮翠浪舞，汾水縈紆兮白虹去。復顧春蘭兮秋菊，侈報祀兮終古。正統九年歲次甲子仲秋二十四日勅建。

〇六五八　正统九年闰七月十八日　雷震奉先殿鸱吻

《明英宗实录》卷一一九，并见朱国祯《大政记》卷一四，《国榷》卷二六，《明史》卷一〇、卷二八，《明通鉴》卷二三

壬寅，雷震　奉先殿鸱吻。

〇六五九　正统九年闰七月二十七日　令侵种官地及新辟地悉纳税

《明英宗实录》卷一一九

先是在京内官军民人等侵种良牧署草场，及土城外沿河内外旧西琉璃窑厰等处官地，凡数百顷。并凤阳府卫军民新开地万余顷，俱未起科。至是遣官经量，悉令纳税。

○六六○ 正统九年闰七月 敕谕修理应祀神祇坛庙

《国朝典汇》卷一一七

九年閏七月，勅禮、工二部諭兩京及天下有司，於應祀神祇壇廟久荒廢者，即設法備料修理。工程大者，酌量事宜以聞。完日擇人奉衛，務在敬慎，不許褻慢，仍令風憲官按臨巡視。

○六六一 正统九年八月初二日 大军仓成

《明英宗实录》卷一二○，参见《日下旧闻考》卷八八

朝陽門外倉成，名大軍倉。設大使一員，副使三員，隸後軍都督府，以貯操備馬料豆。

○六六二　正统九年八月十八日　书复楚王已命儒臣代撰昭庄碑文

甲子，書復楚王季埱曰，承喻。憲王①嘗請立昭園莊園、碑。已命儒臣代撰文，并碑額附去，可量宜礱石鐫刻。叔其亮之。

①憲王　抱本作先王。

《明英宗实录》卷一二〇

○六六三　正统九年八月二十八日　命南京诸修造材料已集者速

甲戌。初命南京造荊府樂器、祭器，修真靜順妃橫①、永嘉大長公主生壙，以風雨遇時未完，會有勅減省。豐城侯李賢因上所修造費。上曰，材料已集者速，未集者已之。

①修真靜順妃橫　廣本真作貞，橫作壙，是也。

《明英宗实录》卷一二〇

○六六四　正统九年九月初六日　罢修南京吏部等衙门

罷修南京吏部、户部、禮部、詹事府。先是，以南京大風雨，勑守備豐城侯李賢等，事有不急可减省停止者以聞。賢等以是爲言，故罷之。

《明英宗实录》卷一二一

○六六五　正统九年九月十五日　令广昌王自造祠堂

廣昌王美堅①奏，侄祖晋恭王、父廣昌悼平王遺留繪容，未有祠堂。欲如伯父寧化王啓建，而物料、工匠皆無從出。乞以命有司。上曰，山西民力罷敝，豈宜重困。其令王自造之。

《明英宗实录》卷一二一

① 美堅　抱本堅作壄。

○六六六　正统九年十月初二日　建永乐十年进士题名碑于南京国子监

建永乐十年进士题名碑於南京國子監。初太宗皇帝既策進士畢，巡幸北京，故碑未建。及是，祭酒陳敬宗以為言。上從之。命翰林院侍講學士王英撰文，勒石。

《明英宗实录》卷一二二

○六六七　正统九年十月十二日　命营伊王庶子府第

丁己命河南都布按三司營伊王庶子府第，從王奏請也。

《明英宗实录》卷一二二

〇六六八 正统九年十月十三日 造荆王府成

《明英宗实录》卷一二二

戊午，蕲州造荆王府成。上以书报荆王瞻堈，令自择时日①往居之。

①自择时日 廣本抱本日作月。

〇六六九 正统九年十月十七日 命辽东金州海州二卫祀天妃庙

《明英宗实录》卷一二二

壬戌，命遼東金州海州二衛春秋擇日祀天妃廟，令守備官行事。從山東按察司副使王憲奏請也。

〇六七〇　正统九年十月十九日　永宁伯谭广卒

《明英宗实录》卷一二二

永寧伯譚廣卒。廣丹徒人，洪武初為府軍衛伍長。
太宗皇帝靖難，累功歷陞指揮同知，留守保定。
永樂元年陞大寧都指揮僉事，董工營建北京。

上念其久鎮且老，命武定侯郭玹代還。未幾卒，年八十二。訃聞，輟視朝一日，遣官葬祭，①諡襄毅。廣長身有膂力，奮迹戎伍至總兵，大小百餘戰，未嘗敗。所統神機馬隊精壯，人稱為譚家馬。其鎮宣府凡二十年，善撫士卒。及去，人咸慕之。

① 遣官葬祭　廣本葬祭作祭葬。

〇六七一　正统九年十月二十日　颁释道大藏经典于天下寺观

《明英宗实录》卷一二二

乙丑，颁释道大藏经典于天下寺观。

〇六七二　正统九年十月二十二日　命韩府军校工匠营襄城王府第

《明英宗实录》卷一二二

襄城王範墹①以府第朽敝，请令有司修理。上以陕西民艱，止命韓府軍校工匠營之。

①襄城王範墹　廣本墹作塄。

○六七三　正统九年十二月初五日　命修南京通济等十九门城垣

命修南京通濟等十九門城垣。

《明英宗实录》卷一二四

○六七四　正统九年十二月十二日　置彰义门官房

丙辰，置官房於彰義門，收商税，課鈔。從正陽門宣課司奏請也。

《明英宗实录》卷一二四

○六七五　正统九年十二月十二日　景陵神宫监右少监擅伐陵树论斩

景陵神宫監右少監阮菊擅伐陵樹百餘株私用。事覺，法司論罪應斬。從之。

《明英宗实录》卷一二四

○六七六　正统九年十二月二十日　敕令诸匠役因犯歇假明年上工

甲子，敕三法司、工部曰：今天氣隆寒，新正在邇。朕念囹圄中無知犯法者衆，飢寒可憫。除真犯死罪，及官吏犯贓外，其餘雜犯死罪以下，遞減二等發落。不許淹滯。笞杖罪悉宥免。諸匠役除繫關工程外，其餘不急之役，并在京做雜工因犯，俱令歇假休息，明年二月初一日仍舊上工。因犯計日准工，所司務奉公守法，俾人受實惠。毋徇私作弊，以取罪愆。

《明英宗实录》卷一二四

○六七七　正统九年　修理南岳庙疏

修理嶽廟疏

翰林院侍讀臣叙謹題：為修理嶽廟等事。臣欽蒙

皇上遣祭南嶽衡山之神，臣至衡山及道路往還，有所見聞，不敢隱默，謹具題知。計開八事。

《石溪周先生文集》卷五

一修理嶽廟事。臣聞事神治民為政要務。臣到南嶽衡山祭祀，見嶽廟頹圮。有司見行修理已經二年，惟兩廊僅完，正殿尚未起蓋，因詢問之。云，工部勘合令於農隙之時，務從減省修理。正統八年十二月內已起立正殿中間新柱頭訖。正統九年三月二十三日又被暴風雷雨將新起殿柱盡行吹倒折壞，惟正殿兩邊舊簷柱及步廊尚存。竊詳五嶽之祀，自唐虞三代以來，莫不崇重修飭，廟祀禮宜致謹。今有司修理南嶽廟，惟衡州府委同知一員，長沙府照磨一員，衡山縣典史一員，其餘各縣皆係陰陽、醫學官、典吏、老人。管事，因循遷就，難即成功。且其神甚有顯應，臣自入湖廣地方，見沿江各府州縣皆因旱祈禱雨澤，經月

不降，臣於六月十六日齋戒，
上命祭祀畢，十二日即得大雨連綿，直至十九日。遠
邇盡一沾足，則城萬姓咸共歡忭。此實由
皇上一念之誠感格，雨至亦其神顯應一端也。如蒙
准言，乞勅工部專差本部的當廉能官一員，與湖廣
布政司或按察司官一員，至衡山相度便宜。或曾發
附近府分夫匠，或官給一切顏料工價，提督修完，庶
神靈有依，人役不至久困。

〇六七八　正统九年　重修宗圣公庙

康熙朝《兖州府志》卷一九

宗聖公廟在縣①南四十五里南武山之陽，世謂武城者也。不詳創自何時。至明正統甲子，教諭溫良以廟宇傾圮，奏請重修。部山東參議馬諒、僉事蕭啓、兖州府知府焦禮、嘉祥縣知縣宋善修建祠宇。

① 编者注：山东省嘉祥县

〇六七九　正统九年　诏修曾子庙　乾隆朝《兖州府志》卷一〇

九年，詔修曾子廟於嘉祥縣。

〇六八〇　正统九年　显陵神宫监右少监擅伐陵树处斩　《典故纪闻》卷一一

顯陵神宫監右少監阮菊擅伐陵樹百餘株私用，事覺，英宗命斬之。

〇六八一　正统九年　建司礼监大藏经厂

《日下旧闻考》卷四一

原櫺星門迤西曰西酒房，曰西花房，曰大藏經廠，卽司禮監之經廠也。燕史

原司禮監大藏經廠，按碑記，皇城內西隅有大藏經廠，隸司禮監，寫印上用書籍及造制勅龍箋處。內有廨宇、庫藏、作房及管庫監工等處官員所居。藏庫則堆貯歷代經史文籍、三教番漢經典及國朝列聖御製御書詩賦文翰印板石刻於內。作房乃匠作印刷成造之所。其印板用久糢糊，則入池刷洗復用。建自正統甲子，歷至嘉靖戊午，世宗皇帝造玄都宮殿，將本廠大門拆占，廨宇等項雖存，而官匠出入狹隘不便。隆慶改元，玄都拆毁，其後內監展拓舊基，重加修飾，始於萬曆三年二月，落成於五月。燕都遊覽志　以上四條原在宮室門，今移改。

增大藏經廠在玉熙宮遺址之西，卽司禮監經廠也。貯經書典籍及釋藏諸經。金鼇退食筆記

〔臣等謹按〕陽澤門迤西，出三座門轉北，則羊房夾道也。延壽庵在羊房夾道路西，庵基頗狹，楝宇無多。院牆南面有康熙中重修碑記。庵內有嘉靖六年鐘一，上鑄延壽庵及內府安樂堂佛堂永遠供奉等字。是安樂堂在西內經廠，延壽庵則其佛堂也。稍西爲經板庫，則燕都遊覽志所云藏庫以貯經史文籍、番漢經典及御製詩文印板者也。有三佛庵碑記可考。又考春明夢餘録，貞慶殿，萬曆三十一年已拆去爲大山子工所用。西酒房、西花房，考金鼇退食筆記云久廢。今羊房夾道迤西酒醋局巷內有真武殿，至今稱爲酒房，蓋卽西酒房舊址也。

○六八二　正统九年　新建北京太学成

《春明梦余录》卷二一

正統九年春，新建北京太學成。三月，臨視，行釋奠禮。時吏部主事李賢言：國家建都北京以來，所廢弛者莫甚於太學，所創新者莫多於佛寺，舉措舛矣。若重修太學，不過一佛寺之費，宜諭修舉，以致養賢，及民之效。從之。

○六八三　正统九年　新建太学成

《罪惟录》志卷二六

九年，新建太學成。太學向因元舊，吏部主事李賢請省一佛寺，便可莊嚴聖宮，更爲之。詔可。

○六八四　正统九年　建郑王府

《明一统志》卷二八

鄭王府①在府治東。正統九年建。

① 编者注：河南怀庆府

○六八五　正统九年　郑府迁国怀庆

嘉靖朝《怀庆府志》卷三

藩封

鄭府

太宗世系

永樂二十二年

仁宗昭皇帝冊封第二子為鄭王。宣德四年之國陝西鳳翔府。正統九年遷國河南懷慶府，府第居城中，以懷慶衛改為之。至正德七年奏請重修。初封食祿米二萬石，襲封食實祿一萬石。

○六八六　正统九年　重修云居寺

《明一统志》卷一

雲居寺 在石經山上。洪武十六年因舊重建，正統九年重脩。

○六八七　正统九年　修造卢沟桥

《古廉文集》卷二

修造盧溝橋記

盧溝在都城西南四十里外，凡趙、魏、汴、宋、秦、代、隴、蜀、滇、南、交、廣、吳、楚、淮、江，陸行以入京師，與夫朝廷之使臣、仕宦商賈之人，自京師道西南以適四方萬國者，皆由於此。是蓋國之要津也。舊有橋，橋有石欄，作於金明昌中，以通道往來，至今四百餘年矣。頹毀日甚，車輿步騎多顛躓墜溺之患，所宜修也。橋之近有固安堤，故狼窩口也。春夏之間，驟雨時至，水潦衝激，嘗加修築。築輒復決，決則有漂没民田廬舍之害，所宜修也。然國家所宜修者不獨此，顧有所未暇及焉耳。今上皇帝即位，詔内監與工部臣，計國家内外所當營建者有幾，次其緩急先後以聞。於是特命太監阮公董其事。公既受命，晨夕惟勤，正統九年三月，朝廷宫殿以及百司庶府莫不皆成。

公奉命往西山，過盧溝見橋與堤之患，還奏曰，盧溝橋不修且壞，而固安堤水患猶在。今京師之工既畢，請致力於此。上曰，然。汝往治之。公於是率工匠往視橋，一理新之水道十有一券，錮若天成。東西跨水凡三百二十有二步，平易如砥。欄檻其兩傍，凡四百八十有四，鎮以獅、象、華表，堅壯偉觀。公又行視堤，曰此吾向所築者，猶不足以捍其患也耶。乃循水而六七里許，至卧龍岡之東南岸曰，其病在此。於是相其所宜，是濬是築，以殺其勢，使漸流而西，水循其道。而堤以無虞。往者，隳決工費累鉅萬，經歲不得休。今不踰月，二工皆以告成，而民不被其擾，不預其勞。但見其東西行過是橋者，若履亨衢。公務才力之通於橋下者，若道平川。民之安居樂業而無蕩析之慮者，其誰使然耶，公之力也。公何以能然哉，予嘗觀公之為人矣，正以持已，公以莅事，勤以率衆，而

惠以恤下。正則安，公則悅。勤則有功，惠則足以使人而忘其勞。持是以往，將無所為而不得者。而況於此工之

近小者耶。公嘗圖其跡以示予曰，是工雖小；然有以見國家之於政。由內以及外；先其所急，而後其所緩，有如此也。吁。公可謂知本者哉。夫京師，天下之本也。公既盡心於所務，而後致力於斯，所以不勞而甚易也歟。後之人有不知公者，觀於斯圖，則其所為之大者可從而推也。是故不可以不記。正統九年三月十有六日，其經始月日也。是年四月十有八日，其成之月日也。記作於六月廿日云。

○六八八　正统九年　重修卢沟桥

盧溝橋，在府西南三十五里，跨盧溝河。金明昌初建。本朝正統九年重修。其長二百餘步，石欄刻為獅形。每旱波光曉月，上下蕩漾，曙景蒼然，一奇也。為京師八景之一，名曰盧溝曉月。

《明一统志》卷一

○六八九　正统九年　重修卢沟桥

九年，重修蘆溝橋。橋在宛平縣西南三十里。金大定二十九年，以蘆溝河流湍急，令建石橋。明昌三年，名曰廣利。至是重修。

《明会要》卷七五

正统十年

（一四四五年二月七日至一四四六年一月二十六日）

○六九○　正统十年正月初六日　修三山钟阜二门水关

南京工部請修三山、鍾阜二門水關。從之。

《明英宗实录》卷一二五

○六九一　正统十年正月初七日　以军余火夫助工修南京坛庙

南京工部奏，修　天地、山川壇，城隍等十廟，　孝陵諸處墻垣，觀星臺，光祿寺，涼棧、膳房，京倉廒，操江等船，工皆未完。而各府人夫每歲農暇止赴工一月，所運材不多，露積，恐久則損壞。事下，工部言，從一月者洪武舊制不可改。第可令於各衛借軍餘，五城兵馬司，及應天府僉城中火夫更替助工。從之。

《明英宗实录》卷一二五

〇六九二　正统十年正月初十日　忠义后卫仓火　《明英宗实录》卷一二五

甲申，忠義後衛倉火，燬米數多。執管粮内外官、户部左侍郎李暹等下獄，令内官阮忠、户部左侍郎姜濤①等代理其事。

① 姜濤　廣本濤誤鑄。

〇六九三　正统十年正月十六日　忠义前卫仓火　《明英宗实录》卷一二五

庚寅，忠義前衛倉火，户部請罪典守者。上特宥之。

〇六九四　正统十年正月二十日　太仓屡火遣官祭祀

《明英宗实录》卷一二五

時太倉屢火，遣户部尚書王佐祭火龍之神，左侍郎姜濤祭太歲之神[①]。

① 祭太歲之神　廣本歲作倉。

〇六九五　正统十年正月二十五日　改旧太仓名京都太仓

《明英宗实录》卷一二五

己亥，改舊太倉名京都太倉。春秋遣户部堂上官致祭太倉之神。

〇六九六　正统十年正月二十五日　旧太仓曰京都太仓

《国榷》卷二六

己亥。舊太倉曰京都太倉。

○六九七　**正统十年正月二十九日　修南海子北门外红桥**　《明英宗实录》卷一二五，参见《日下旧闻考》卷七五

修南京海子①北門外紅橋，以其爲火燬也。

①南京海子　舊校删京字。

○六九八　**正统十年正月　修南海子北门外红桥**　《图书集成·职方典》卷三七

十年正月修南海子北門外紅橋。

〇六九九　正统十年二月初六日　修理南京太庙等命择日兴工

庚戌，以南京　太廟、孝陵、社稷壇俱因去歲風雨，樹木折拔，泥飾剥落，門脊損壞，命工部等衙門擇日興工裁補、修理。遣官祭告。

《明英宗实录》卷一二六

〇七〇〇　正统十年三月十一日　谕严禁私建寺院

甲申。上御左順門召禮部尚書胡濙等諭之曰，洪武以來，寺院菴觀已有定額。近年往往私自創建，勞擾軍民，其嚴加禁約。除以前蓋造者遇有損壞許令修理，今後不許創建。敢有故違者，所在風憲官執問，治以重罪。若縱容不問，一體究治不宥。

《明英宗实录》卷一二七

○七○一　正统十年三月十一日　建献陵等卫仓

《明英宗实录》卷一二七

建献陵衛及府軍忠義等衛倉。

○七○二　正统十年四月十一日　命拆临清等仓改为通州及在京仓

《明英宗实录》卷一二八

甲寅，命拆臨清、德州、河西務倉三分之一，改爲通州及在京倉。時各倉皆空閒，而通州京倉皆不足故也。

○七○三　正统十年四月十二日　命修大功德禅寺

《明英宗实录》卷一二八，参见《国榷》卷二六

命工部右侍郎王佑同太監尚義董修大功德禪寺。

〇七〇四　正统十年五月初七日　以居贤崇教二坊草场改筑粮仓

《明英宗实录》卷一二九，参见《日下旧闻考》卷五四

以在京居贤崇教二坊草场築倉收粮。

〇七〇五　正统十年五月十一日　羽林前卫忠义后卫仓火

《明英宗实录》卷一二九

羽林前、忠義後衛倉火，燬粮一千九十五石。[①]户部請治典守者追陪。[②]上曰，此殆非人力所能止，俱宥罪免陪。

①一千九十五石　廣本抱本五作餘。

②請治典守者　廣本抱本請下有逮字。

○七○六 正统十年五月二十五日 预烧砖瓦以修理太岳太和山各宫

提調太岳太和山湖廣右參議李侗奏，太和、南巖、紫霄、五龍、玉虛、淨樂六宮俱滲漏，請預燒磚瓦為脩理計。從之。

《明英宗实录》卷一二九

○七○七 正统十年五月二十五日 查究擅居长安左右门朝房之罪

泰寧侯陳瀛違所部卒居長安右門朝房，卒病死于其中。監察御史胡貴因言，長安左右門朝房諸文武官近來往往縱吏卒攜家入居，且蓄養雞豚等物。甚不敬。請繫治其罪。事下錦衣衛查究，詳識及監察御史盛琦等官名以聞，請鞫其狀。上令姑宥之。

《明英宗实录》卷一二九

〇七〇八　正统十年五月　以居贤崇教二坊草场改筑粮仓

五月以在京居賢崇教二坊草場築倉收糧。

《图书集成·职方典》卷三七

〇七〇九　正统十年六月初一日　治在玉泉山取石者罪

故永平大長公主府中使青山言，主墳在順天府玉泉山，近有石匠數十，竊取山石。恐宣洩風氣，請治其罪。從之。

《明英宗实录》卷一三〇

〇七一〇　正统十年六月初九日　择南阳地为唐世子等第宅

《明英宗实录》卷一三〇

辛亥，詔擇南陽地四所爲唐王世子芝彌①次子芝址、女上蔡郡主、侄芝埒第宅，徙官軍民効②五十六家。

① 世子芝彌　廣本抱本彌作壐，是也。

② 民效　廣本抱本作民校，是也。

〇七一一　正统十年六月二十六日　命修甓京师城垣

《明英宗实录》卷一三〇，参见《图书集成·职方典》卷三，《日下旧闻考》卷三八

京師城垣其外舊固以磚石，內惟土築，遇雨輒頹毀。至是，命太監阮安、成國公朱勇、修武伯沈榮、尚書王巹、侍郎王佑督工修甓之。

○七一二 正统十年六月二十六日 甓京城 《国榷》卷二六

戊辰。甓京城。

○七一三 正统十年六月 甓京城内垣 朱国祯《大政记》卷一四

甓京城内垣。旧以土。

○七一四 正统十年六月 甓京城内垣 《明书》卷八

甓京城内垣。

○七一五　正统十年六月　修京城内垣　《明会要》卷七五

十年六月，脩京城内垣。

○七一六　正统十年七月初二日　以兴工修理京都城垣祭告太庙　《明英宗实录》卷一三一

癸酉，以興工修理京都城垣，遣官祭告太廟。

○七一七　正统十年七月初三日　命修滁阳王庙宇　《明英宗实录》卷一三一

甲戌，命修滁陽王廟宇。

〇七一八　正统十年七月初七日　取在逃工匠有司不可怠缓

工部奏，取工匠在逃者萬人，恐有司怠緩，欲責以解行期限。

上曰，限豈可責也，但延緩過甚者必以法治之。

《明英宗实录》卷一三一

〇七一九　正统十年七月初九日　命驸马都尉等督修皇陵殿宇

庚辰，敕駙馬都尉井源曰，今命尔同太監陳暉往鳳陽提督修理　皇陵殿宇、城樓，及白塔墳殿宇。該用軍夫、匠、料，已令工部①工部官司應辦，及敕奉侍　皇陵太監當泰，并中都正留守蕭讓、鳳陽知府楊瓚同詣　陵相看修理，務要堅完經久。其守直人户、厨房宜照舊修理，不許那差。尔宜夙夜敬慎，表率下人，戒飭用工軍夫、人匠②，不許諠譁褻慢。嚴禁管工官吏、旗甲，不許因而生事，擾害，務俾人不知勞，而事易集，庶副委托。已命欽天監擇日興工，特遣尔源告　皇陵，及厚土之神。凡有合行事務，須會議停當而行。爾等其欽承之。毋怠。

① 工部工部　舊校刪作工部。

② 軍夫人匠　抱本夫作民，疑誤。

○七二〇　正统十年七月初九日　修凤阳陵殿城楼　《国榷》卷二六

庚辰。敕駙馬都尉井源太監陳□修鳳陽陵殿城樓。

○七二一　正统十年七月二十二日　通州义勇右卫仓火　《明英宗实录》卷一三一

通州義勇右衛倉火，焚毀米穀一萬八千五百四十石有奇。提督倉場戶部右侍郎焦宏自陳罪，且請罪典守者。上悉宥之。

○七二二　正统十年七月二十五日　命出内帑买材修孝陵正殿

丙申，南京工部请修孝陵正殿，欲取材于浙江并直隶苏州等处。上命不必远取，出内帑钞买用之。

《明英宗实录》卷一三一

○七二三　正统十年七月　修凤阳皇陵及白塔坟

修凤阳皇陵及白塔坟。

朱国祯《大政记》卷一四

○七二四　正统十年八月初七日　命筑治通州至京师路道

命筑治通州抵京师一带路道。

《明英宗实录》卷一三二

○七二五　正统十年九月初一日　修理皇陵祭告仁祖帝后

《明英宗实录》卷一三三

正統十年九月辛未朔，修理　皇陵，遣駙馬都尉井源祭告　仁祖淳皇帝、　淳皇后。

○七二六　正统十年九月初二日　书与秦王历数秦府承奉不法事

《明英宗实录》卷一三三

壬申，書與秦王志㙉曰：先因紀善陳彬等奏承奉劉全等從吏不法事情，已提全等至京，命法司審實。姑舉其尤者言之。山川壇奉神之所，乃拆其獸吻修蓋厩宇。

劉全、侯介皆國法所必誅者。餘悉從寬以全其生。

均此奉報，惟叔亮之。

〇七二七　正统十年九月初五日　修葺泰山昭真宫

山東濟南府泰安州道正司奏，東嶽泰山上有昭真等宮觀，俱係歷代古跡神祠，年久損壞。乞賜脩葺。從之。

《明英宗实录》卷一三三

〇七二八　正统十年九月初九日　修顺天府学及文天祥祠

脩順天府學及宋丞相文天祥祠。

《明英宗实录》卷一三三

〇七二九　正统十年九月三十日　命秦府自修社稷山川坛

庚子，秦王志墣奏，社稷、山川壇皆損敝，不堪奉祀。乞撥工匠①。上以陝西民給邊儲，且旱荒，不允。命其府中校卒②修完之。

《明英宗实录》卷一三三

① 乞撥工匠　抱本匠下有修理二字。

② 校卒 抱本卒作尉。

〇七三〇 正统十年十月十日 督工修理皇陵将完 《明英宗实录》卷一三四

庚戌，敕駙馬都尉井源曰，得奏督工修理 陵殿等處將完，及請祭謝。具悉。今擇十一月初三日告謝 皇陵及后土之神，特遣爾源行禮。祝文二道并香帛付千户朱紱齎去。至期祭告合用祭物如例備辦，務須敬慎整理。事畢爾即回京。

〇七三一 正统十年十月十八日 命大臣督修京城仓 《明英宗实录》卷一三四

命工部右侍郎王永和督修京城倉。

〇七三二　正统十年十月十九日　准湖广三司发工匠为襄王建府第

工部奏，襄王瞻墡爲其子寧鄉王祁鑛①、襄陽王祁鉦乞建府第。已勘有隙地，請勅湖廣三司工匠爲建之②。上是其言，仍令王府軍校相兼用工。

《明英宗实录》卷一三四

① 祁鑛　抱本鑛作鑛。

① 三司工匠爲建之　廣本司下有官發二字，抱本司下有發字。

〇七三三　正统十年十月二十五日　令匠逃三次发充军

工部奏，近，右侍郎王佑奏准，各處逃匠令所司親解赴京。然姦惰之徒到工未久，隨即逃去。請今後解匠官吏俱留京管工，待工滿一體放回。庶匠不敢逃，工程易完。上不允。但令今後匠有三次逃者，發充武功中衛軍，仍令當匠。敢蹈前非，殺之不宥。

《明英宗实录》卷一三四

○七三四　正统十年十一月二十八日　看花匠延烧御花房问斩

丁酉，看花匠不戒於火，延焚御花房二所。例当拘役赎徒。上命斩之，不必覆奏。

《明英宗实录》卷一三五

○七三五　正统十年　命太监大臣督工修甃京师城垣

十年，京师城垣其外旧固以甎石，内惟土筑，遇雨辄颓毁。至是，命太监阮安、成国公朱勇、修武伯沈荣、尚书王卺、侍郎王佑督工修甓之。

《国朝典汇》卷一八七

○七三六　正统十年　命成国公朱勇等甃京师城垣

至十年，又以内面用土，恐易頹毁，乃命成國公朱勇等甃之，與外面等。凡九門：南曰正陽，南之左曰崇文，右曰宣武；北之東曰安定，西曰德勝；東之北曰東直，南曰朝陽；西之北曰西直，南曰阜成。

《春明梦余录》卷三，参见《天府广记》卷四

○七三七　正统十年　命成国公朱勇等甃旧城内面

【原】德勝門城上，鐫趙子昂書德勝門三字。燕都遊覽志

〔臣等謹按〕今德勝門卽元史地里志所載健德門也，輟耕録亦作健德，明永樂間尚存其舊。至正統十年，以舊城内面用土恐易頹毁，命成國公朱勇等甃之，始改名德勝。趙子昂乃元初人，安能預書德勝門字也？朱彝尊原書所引燕都遊覽志誤矣。今各城門額俱清漢書。

《日下旧闻考》卷五四

○七三八　正统十年　荆王府自江西建昌迁蕲州

蕲州元蕲州路，屬河南江北行省。太祖甲辰年爲府。九年四月降爲州，以州治蕲春縣省入，來屬。正統十年，荆王府自江西建昌遷此。

《明史》卷四四

○七三九　正统十年　敕建正觉寺

原慧照寺、福安寺、正覺寺俱有勅建碑。明順天府志

〔臣等謹按〕慧照寺今存，其衕衕卽以寺名。明成化辛丑僧庭佑得永寧伯譚氏故宅，闢爲焚修之所，太監闔興奏聞賜額，有弘治十年碑尚存寺中。福安寺在瓦岔衕衕，有正統年間通政司左通政陳恭撰碑，載寺始於元至正間，厥後惟存大殿一區，明永樂中始搆僧舍數楹，宣德七年興修，至正統癸亥落成，奏聞特賜今額云。正覺寺在東四牌樓八條衕衕，明正統十年建，有碑。

《日下旧闻考》卷四八

○七四○ 正统十年 敕内臣提督修理太和山宫观

《大岳太和山纪略》卷五

勅内臣

勅諭尚膳監左監丞陳埜。昔我皇曾祖太宗文皇帝創建大嶽太和山宫觀，虔奉祀事，實欲福佑我國家及天下蒼生於無窮。迨至皇祖仁宗昭皇帝、皇考宣宗章皇帝臨御之日，克紹先志，特將均州一千户所軍餘雜派征差，及屯田子粒，盡行優免。但遇宫觀有滲漏、損壞之處，隨即修理。溝渠道路有淤塞不通之處，隨即整治。俾宫觀永遠堅固完美。兹特命爾前去與原差禮部員外郎吴禮一同提督。凡有未修殿宇、房屋，及衝塌橋梁、道路，就行修理。已勅吴禮知之。爾宜恪遵朕命，恭勤趨事，不許怠慢。更不許在彼生事，私役軍餘，虐害下人，以取罪愆。故勅。正统十年。

正统十一年

（一四四六年一月二十七日至一四四七年一月十六日）

〇七四一　正统十一年正月初九日　令在京见役各色匠作休息

《明英宗实录》卷一三七

丁丑，勅工部曰，今歲事方新，宜與民同樂。在京見役諸色匠作除緊用工程外，其餘不急之役俱令休息。二月初一日仍舊上工。因紀計日准工，所司務奉公守法，俾人受實惠。

〇七四二　正统十一年正月二十六日　命修太庙

《明英宗实录》卷一三七，参见《国榷》卷二六

甲午，命修太廟。

〇七四三　正统十一年二月二十三日　异气现于华盖殿奉天殿

《明英宗实录》卷一三八

辛酉。以異氣現于華蓋殿金頂及奉天殿鴟吻之上，上遣官昭告于　昊天上帝、后土皇地祇曰，屬以眇躬，祇承大統，仰膺眷命，邦家底寧。茲者　上天垂象，異氣現于華蓋殿金頂及奉天殿鴟吻之上，此蓋　天心眷愛，特示昭警。省躬自咎，寢食弗寧，祗懼憂惶，罔知攸措。顓祈　大德俯賜矜憐，潛消沴氣，啓迪愚衷，修明庶政。俾家國永寧[①]，民物康阜，不勝惓切懇祈之至。謹用昭告，伏惟鑒知。

①俾家國永寧　廣本家國作國家。

〇七四四 正统十一年二月二十五日 敕谕宽恤之令

《明英宗实录》卷一三八

癸亥，敕諭五府、六部、都察院、大理寺等衙門官曰：朕嗣承 祖宗大統，祗體 天心，撫綏黎庶，夙夜惓惓，罔敢怠忽。茲當春陽和暢，萬物發生之時，尚慮軍民未盡得所，特推寬恤之典，用廣好生之德，合行事宜條列于後。爾等職專庶務，與國同體，凡有可興利除弊便益軍民者，悉具以聞，副朕體 天恤人之意。

一、官員軍民人等，有爲事問發做工、運炭①、運磚等項，雜犯死罪徒流，罪遞減二等。杖罪以下悉與寬宥。其有枷號人犯，悉皆疏放，依例減免。

一、各處赴京輪班人匠，自正統十一年正月以前遞年失班者，俱免罰役，止當正班。

一、在京人匠、醫士、厨役等項，果有殘疾，及年七十以上，不堪應役者，放免寧家。應僉補者，所司僉補。一、各處逃軍、逃囚、逃匠人等，自文書到日爲始，限三箇月以裏，赴在官司②首告，悉免其罪，各還原役。

凡一切不急事務悉與停止。或有軍民不便之事，及可興利革弊便益軍民者，悉具官以聞。

① 運灰 抱本灰作炭，是也。

② 赴在官司 廣本抱本赴下有所字，是也。

○七四五　正统十一年二月　重建兖州宗圣公庙落成

万历朝《兖州府志》卷八

重建宗聖公廟記

許彬 大學士

郕國宗聖公自有封識以來、載在祀典、春秋配享孔子廟庭、血食天下。後世者在在有之。而此廟則在故里南武城舊爲邑、即子游作宰處。在今兖之西嘉祥金鄉縣界、廟南北去縣各四十五里。南武山之陽、邑人以義修之、不知所始。歷歲滋久、風雨震陵、而典廢補敝者、不知其幾也。正統甲子今

上皇帝在御、特勑天下有司、修治應祀神廟。而嘉祥教諭温良乃以兹廟傾圮、奏請修葺。詔賜俞允。時山東僉憲蕭公啓命兖郡太守焦公福、督兩縣吏民併工重建。經始于乙丑之秋八月、落成于丙寅之春二月。棟宇翬飛、一新營建、木不特斷之、而已有節梲之華。馬壁不特圬之、而已有丹雘之飾焉。廟既成、像宗聖公於前殿、以萊蕪侯夫人於寢殿、而宗聖子曾元並坐於左右、各以夫人配之。又明年丁卯、山東太參今戶部侍郎馬公諒進謁是廟、觀位次失序、心有未安。遂繪爲圖、出俸金命兖郡同知姚公昱、金鄉主簿方伯輝即其廟左創建新廟。遷萊蕪侯夫婦像而祀之。曾元、曾申廟位于兩廡、東西相向、各以夫人配焉。宗聖公獨居舊廟。天理民彝於是乎正、父子夫婦於是乎安矣。今年春、兖郡節推范公雯造謁其廟、讀所記石刻、乃金鄉教諭盧與齡所作萊蕪侯廟記、而宗聖公廟記則缺如也。歸語太守郭公鑑曰、宗聖公契一貫之奥旨、得道統之心傳。天下後世仰而尊之、不可尚已。今廟既立、不可無文以彰之。於是二公乃以記屬予、且道其詳曰、正殿三間、中設宗聖公像。東西

則列門人子思、陽膚、沈猶行、公明高、子襄、公明儀、樂正子春、公明宣之數子配食焉。寢殿三間，公偕夫人中坐，而傍以曾西侍之。至于兩廡、中門、戟門各以三間，而規模則宏遠也。予按史記孔門弟子列傳，稱曾子名參，字子輿，南武城人。少孔子四十六歲。孔子以其能孝，故受之業，作孝經十八章。今廟東南有耘瓜臺，西南有曾子墓，其家世南武城也，明矣。當此時以北有武城，故云南耳。當夫杏壇設教之時，從游三千，速肖七十，而道統之傳，得其宗者惟曾氏焉。其嘉惠天下後世者，昭如日星，千萬年猶一日也。豈淺學所敢議其萬一哉。特以二公之命不可辭，謹以所聞所知者記之於石，後之欲知茲廟重建之由者，盡於此乎考徵焉。

○七四六　正统十一年三月初五日　无官房与县主例

《明英宗实录》卷一三九

永興王志璞①奏，臣女三原縣主，儀賓竇鏞成婚有日，無房居住。乞都指揮僉事邢端舊宅以居。工部言無官房與縣主例。上念親親特允其奏。

① 志璞　舊校改璞爲墣。

○七四七　正统十一年三月十三日　命大臣督工修大觉寺　《明英宗实录》卷一三九，参见《国榷》卷二六

命工部右侍郎王佑督工修大覺寺。

○七四八　正统十一年三月十四日　以兴工修理城垣遣官祭祀　《明英宗实录》卷一三九

辛亥[①]，遣修武伯沈榮祭京都都城隍之神[②]，工部尚書王巹祭司工之神。以興工修理城垣故也。

① 辛亥　舊校改亥爲巳。
② 祭京都都城隍之神　抱本僅一都字。

○七四九　正统十一年三月十七日　修理太庙社稷坛毕工

《明英宗实录》卷一三九

甲申，修理　太廟、社稷壇畢工。　上祭告　奉先殿，遣工部尚書王巹祭司工之神。

○七五○　正统十一年四月初八日　修南京午门前两廊缺材

《明英宗实录》卷一四○，并见《明英宗宝训》卷二

南京工部奏，濬金河水①，修午門前東西兩廊，甎城外周圍直房。其所缺材款于四川、湖廣、浙江等處市買。上曰，方今民皆艱窘。其缺材不必遠市，姑俟四方應輸者至，及抽分司貯積既多，然後修理。

① 金河水　抱本寶訓作金水河，是也。

〇七五一　正统十一年四月初九日　修城毕工

《明英宗实录》卷一四〇

丙午，遣修武伯沈荣、工部尚书王卺祭司工之神，以修城毕工也。

〇七五二　正统十一年四月二十三日　方山王母妃坟用地如一品夫人例

《明英宗实录》卷一四〇

方山王美垣母妃薨，乞墳地比寧化王母例，用地九十畝。事下工部覆奏，寧化王母墳地過多，提調官已各請罪。今者①方山王母妃當如一品夫人例，用地周圍四十五丈。豈可重違舊制。從之。

① 今者　館本無者字。

○七五三　正统十一年四月二十三日　不允修理五台山显通寺

五臺山僧言，其山之顯通寺奉勅所建，以祝國釐者。今已朽渺，乞有司修理。上以民艱，不從。

《明英宗实录》卷一四〇

○七五四　正统十一年五月初十日　修刻观象仪器增盖晷影堂

欽天監奏，簡儀無度數。又地基卑下，每窺測日星，爲四面臺宇所蔽。圭表置露臺，光皆四散，影無定則。壺漏屋低，夜天池促，難以注水調品時刻。乞將簡儀修刻黄道等度數，其地基增高之。圭表、壺漏如南京，盖晷影堂三間，以便窺測調品。從之。

《明英宗实录》卷一四一

○七五五　正统十一年五月二十一日　修南京甲字等库　《明英宗实录》卷一四一

修南京甲字等库二百五十餘間。

○七五六　正统十一年五月二十一日　命工部毕驹河石桥工　《明英宗实录》卷一四一

先是，有衛卒欒馬駒者，請自以石修駒河橋。工部言橋梁恐非匹夫所能辦。馬駒言已運石。上許之。凡過往車輛，馬駒皆索米若賦以助用。久之，有誣馬駒以犯奸，欲縛赴官者。得其白金五百兩，釋之。已而人又欲訐其事，馬駒仰藥死。 上命刑部執欲訐者鞫之。工部追理所遺財貨，仍畢其工。

〇七五七　正统十一年五月二十七日　兖州护卫屯田军士多王府占用　《明英宗实录》卷一四一

山東都司奏，兖州護衛屯田軍士多王府占用，修造房屋，燒運柴灰，①不能屯種備納子粒。乞與除豁。户部言，王府工程如果未完，就令各軍餘丁屯種。從之。

①柴灰　抱本灰作炭，是也。

〇七五八　正统十一年五月二十七日　修理大报恩寺　《明英宗实录》卷一四一

南京僧録司請修大報恩寺塔心，并寺堂、天王殿左右廊房。從之。

○七五九　正统十一年五月二十七日　修南京大报恩寺

《国榷》卷二六

修南京大報恩寺。

○七六○　正统十一年五月二十七日　禁京城外西北开窑取土

《明英宗实录》卷一四一

監察御史蔡愈濟奏，有詔禁京城外西北開窯取土，而太監貫亨、僧保①，内官雲保山、黄義，擅役軍士于清河開窯。請寘于法。上宥亨、僧保，下雲保山、義于獄。仍諭都察院申禁之。

① 貫亨僧保　舊校改亨爲享，下同。

〇七六一　正统十一年六月十五日　命修京城北垣　《明英宗实录》卷一四二

辛亥，命修京城北垣。遣工部右侍郎王永和祭告司工之神，成国公朱勇祭告京都城隍之神。

〇七六二　正统十一年六月十五日　修京城　《国榷》卷二六

辛亥。修京城。

〇七六三　正统十一年七月初七日　敕修筑南京神策门后湖里城　《明英宗实录》卷一四三

南京工部言，神策门後湖裏城為久雨决三十丈。敕守備豐城侯李賢等發工修築。

○七六四　正统十一年七月初八日　京都太仓大宁中卫仓火

京都太倉、大寧中衛倉火。六科給事中、十三道監察御史共劾提督侍郎張睿等罪。上命宥之，所焚粮米亦免償。

《明英宗实录》卷一四三

○七六五　正统十一年七月初八日　京都太仓大宁中卫仓火

京都太倉、大寧中衛倉火。

《国榷》卷二六

○七六六　正统十一年七月初十日　命罢修凤阳皇城殿宇

先是，鳳陽皇城殿宇損敝。工部移文中都留守司，相計修理。至是本司言，時饑民艱。工部復請覈實。上曰，民既艱，奚必覈實。其罷之。

《明英宗实录》卷一四三

〇七六七 正统十一年七月十三日 修理都城东垣工毕 《明英宗实录》卷一四三

己卯，以修理都城東垣工畢，遣成國公朱勇祭京都城隍之神①，工部尚書王巹祭司土之神。

① 朱勇祭京都城隍之神 廣本祭下有告字。

〇七六八 正统十一年七月二十五日 命徙近荆王府官民居室 《明英宗实录》卷一四三

命徙近荆王府官民居室一百四十餘所。王自建昌遷蘄州，改蘄州衛為府，以地狹隘，故有是命。

〇七六九 正统十一年八月初三日 怒械祖陵督工官赴京治之 《明英宗实录》卷一四四

是，命南京工部及鳳陽府衛修

祖陵殿宇。工稍及完，而督工

先

者覬覦之。至是，南京太常寺復請飾其朽剝未修者。 上怒，命錦衣衛遣人械原委官赴京治之。

○七七○ 正统十一年八月十一日 诏兴工修皇陵墙垣

丙午，雨頹 皇陵墻垣。詔中都留守司及鳳陽府衛興工修之。

《明英宗实录》卷一四四

○七七一 正统十一年八月十二日 建通州八里庄桥

建通州八里莊橋，命工部右侍郎王永和督工。

《明英宗实录》卷一四四，并见《日下旧闻考》卷一〇九

〇七七二　正统十一年八月二十三日　不允岷王预造生圹

岷王楩奏，欲預造生壙，乞工匠、物料。

上以湖廣累遭旱澇，百姓艱窘。不允。

《明英宗实录》卷一四四

〇七七三　正统十一年八月　作暑影堂

八月作晷影堂。

《昭代典则》卷一五，并见《明会要》卷二八

〇七七四　正统十一年九月初六日　命韩府校卒修葺平利王府

韓府平利王範壁以府第腐朽，乞令有司為修葺。事下，工部言陝西於諸邊備民力已罷，宜如襄城王、樂平王例，命韓府校卒為修。從之。

《明英宗实录》卷一四五

〇七七五　正统十一年九月十三日　命晋府校卒兼力用工益建府第

戊寅，晋府西河王美埻累乞益建府第。上不允。至是，復以請，且欲為長子鍾鏍起第於本府隙地。上許之，仍命交城王、陽曲王府同本府校卒兼力用工，勿侵擾有司。

《明英宗实录》卷一四五

〇七七六　正统十一年九月十四日　给辽庶人第宅听属王府

己卯，遼庶人貴烚長子擅離其先塋，欲如京。遼府及防守荊州衛官以聞。上命湖廣三司及巡按御史體之，至是奏。貴烚自言其男女成人，居第狹隘，貧無以卒日。長子欲陳訴于京，乞恩進學，無他故。上以書遺遼王及勅荊州府衛，令審其男女成人者，王府即與主婚配軍民誠實之家，給第宅於荊州城內，聽屬王府。其官卒防守如昔，勿

《明英宗实录》卷一四五

令交搆亡預，以逭罪愆。

〇七七七　正统十一年九月十六日　僧人私建佛寺坐杖充军

有僧四人私建佛寺于彰義門外。監察御史林廷舉等奏，付法司坐當杖充邊衛軍。從之。

《明英宗实录》卷一四五

〇七七八　正统十一年九月十八日　监察大臣坐金川门草场火被劾

癸未。南京都察院左副都御史①周銓總督南京糧儲，坐金川門草場火，爲法司所劾。上命銓自陳。銓具陳伏罪。宥之。

《明英宗实录》卷一四五

①左副都御史　抱本左作右。

○七七九　正统十一年十月初二日　彭城卫南新仓火　《明英宗实录》卷一四六

彭城衛南新倉火。户科給事中劾提督侍郎張睿等不謹罪。上宥之。

○七八〇　正统十一年十月二十三日　敕修南京千步廊等工　《明英宗实录》卷一四六

勑南京守備豐城侯李賢等，發軍夫二匠①疏南京承天門金水河，修千步廊、午門外直宿板房，正陽門城垣。

① 軍夫二匠　廣本二作工，是也。

○七八一　正统十一年十月二十八日　修葺南京太庙社稷坛毕工

《明英宗实录》卷一四六

壬戌，修葺南京太廟、社稷壇畢工，遣駙馬都尉趙輝等官祭告南京太廟、社稷并厚土[①]之神。

① 厚土　廣本抱本厚作后。

○七八二　正统十一年十一月初七日　修理旧礼部为试院

《明英宗实录》卷一四七

修理舊禮部爲試院，計八十二間[①]。

① 計八十二間　廣本抱本計下有屋字，是也。

○七八三　正统十一年十一月初七日　改旧礼部为贡院

《国権》卷二六

辛未。改舊禮部爲貢院。

○七八四　正统十一年十一月十二日　淮王薨命有司营葬

丙子，淮王瞻墺薨。王　仁宗昭皇帝第七子，母賢妃李氏[①]，永樂七年生，二十二年受封。至是薨，年三十七。訃聞，　上輟視朝三日，遣官賜祭，謚曰靖。命有司營葬。

《明英宗实录》卷一四七

① 李氏　抱本李作季。

○七八五　正统十一年十一月十二日　晋恭王妃薨

晋恭王妃梅氏薨。遣中官賜祭，命有司營葬。

《明英宗实录》卷一四七

○七八六　正统十一年十一月十三日　复命修祖陵殿宇

復命南京工部修　祖陵殿宇。

《明英宗实录》卷一四七

〇七八七　正统十一年十一月十七日　敕伊王自备物料工匠修庶子府

先是，河南三司修伊王庶子府。至是，三司以时值饑饉，請勅王如周王例，自備物料、工匠，庶不傷民力。從之。

《明英宗实录》卷一四七

〇七八八　正统十一年十一月　敕建永通桥落成

勅建永通橋記

通州在京城之東，潞河之上。凡四方萬國貢賦由水道以達京師者，必萃於此，實國家之要衝也。由州城西行八里許有河，蓋京都諸水之會流而東者。河雖不廣，而水潦沮洳，每夏秋之交，雨水泛漲，嘗架木為橋，或比舟為梁以通道往來。數易而速壞，輿馬多致覆溺，而運輸者尤為艱阻，勞費煩擾不勝其患。太監臣李德等以其

《古廉文集》卷二

事聞。上欲於其地建石橋，乃命司禮監太監臣王某往經度之。某還奏云，此陸運之通衢，商旅使客往還之要路，建橋實宜。方今不燠不寒，興工修築，是惟其時。然欲堅久而不壞，在委任得人。上聞，即命總督漕運都督臣武興等發軍夫，都指揮僉事臣陳信領之。工部侍郎臣王永和督工匠，内官監太監臣阮安董之。安謂衆曰，朝廷遷都北京，建萬世不拔之丕基，而漕運實軍國所資重務也。故興役萬夫齊奮，並手偕作，未及三月而功已就緒。橋南北五千尺，爲水道三券。券與平底石皆交互通貫，錮以鐵。券水石護以鐵柱當其衝。橋東西二百尺，兩傍欄楹皆以石爲之。作二牌樓，題曰永通橋，蓋上所賜名也。又立廟祀河神，而以玄帝鎮之。經始於正統十一年八月二十七日，告成於十一月某日。阮公與侍郎王公謀，求請予記。昔文王作臺於苑囿，固無預於民事，而民歡樂之，謂其臺曰靈臺。詩人又被之歌詠，傳誦至今。皇上營建此橋，實所以惠利於人。而人踴躍懽欣以趨其事者，誠無異乎文王之時。亦何其盛哉。是故不可無所紀述，以傳示後世。因公之請，特為記之。而又繫之以詩曰，惟皇仁聖，統御寰宇。萬方畢臣，罔有違拒。粤惟漕運，軍國所資。道江歷淮，其來如歸。潞河湯湯，漕舟所聚，陸運京師，有河伊阻。帝曰臣某，汝往視之。惟梁惟石，惟其宜之。臣具還奏，誠如聖制。作為橋梁，萬世之利。帝曰休哉，是惟在人。我其命之，汝為予申。乃命永和，汝督工匠。勿亟勿徐，德綏是尚。曰內臣安，汝其總之。經營規畫，惟汝是司。安拜稽首，敢不盡心。圖為堅久，以副德音。羣工百役，莫不踴躍。攻金攻石，並手偕作。惟橋南北，惟水西東。不日而成，敷奏厥功。商旅使客，車輿步騎。昔憂顛覆，今履平易。岸有豐草，水有游魚。昔為岊險，今為坦途。運輸之來，紛紜絡繹。國用以序，廩庾充實。行者忭舞，以播頌聲。四方無警，萬國咸寧。惟此成功，帝德之致。勒之茲碑，以告永世。

〇七八九　正统十一年十二月初二日　周府灾

乙未，周府災，焚殿宇殆盡。

《明英宗实录》卷一四八，参见《明史》卷二九

〇七九〇　正统十一年十二月十二日　代王桂薨命有司治丧葬

乙巳，代王桂薨。王太祖高皇帝第十二子，母惠妃郭氏。洪武七年生，十一年封豫王，二十五年改封代王，二十年之国山西大同府。宣德五年，世孙代理国事。至是薨，享年七十有二。訃聞，上哀悼輟視朝三日，遣官賜祭，謚曰簡，命有司治喪葬。

《明英宗实录》卷一四八

〇七九一　正统十一年　制观象台仪器

原 觀象臺一名瞻象臺，高百尺許，與城堞女牆並峙，距棘闈咫尺耳。上有璇璣玉衡、渾天、立運諸儀，傳爲耶律楚材所製，乃正統十一年倣元人所製也。燕都游覽志

《日下旧闻考》卷四六

○七九二　正统十一年　改旧礼部为试院

十一年，以礼部成，改舊禮部爲試院。初修時計屋八十二間。

《国朝典汇》卷一八九

○七九三　正统十一年　重修顺天府学

顺天府學在府東南。洪武初建，爲大興縣學。永樂初，以爲府學。正統十一年重脩。

《明一统志》卷一

○七九四　正统十一年　重修顺天府学

正統十一年府尹王賢重脩，少司徒盧陵陳循爲記。曰，聖朝以唐虞三代爲法，學校先於京師。既建太學儲天下之英才，復設京學育畿內之俊秀。孟子所謂庠

万历朝《顺天府志》卷二

舜之智不偏，物急先務者是也。蓋學制在四方者，府齋有四，州三，縣二。而順天府學，其齋則再陪於縣，蓋過於四方府學，而倍於州學，其視府州縣之學尤在所當先。學在今府治東南教忠坊，初元太和觀也。洪武元年以觀為大興縣學。永樂元年陞北平府為順天府，則大興縣儒學例不得設矣，遂以為府學。九年同知甄儀建明倫堂，東西齋舍。十二年府尹張貫建大成殿，又建棲生舍於明倫堂後。皆苟具一時，加以歲久，日就頽毁，無以稱京學當先之意。寧陽王賢来為府尹。顧其舊址四邉多為軍民侵，而不足以擴充堂構，乃謀於府丞番陽王侯珝，治中長沙易斌，通判寧海楊轅，推官安陸彭理，相與請復其地。既得請，遂撤故新之。為大成殿，翼以兩廡，前為戟門，以祠　先師先賢。殿與門為間各三，廡為間各五。因舊為廟以祠宋丞相信國文公。為六齋，於明倫堂東西。附以模生之舍。會饌有堂，有廚，有庫，而蔽之重門。齋門、廚庫為間各三，饌堂為間各五，而會為門[illegible]倍於饌堂。經始

[illegible]景泰二年[illegible]十六日，落成於十三年[illegible]七日。材出節公門之費而人不為修，工出[illegible]役之正而人不為勞。其為壯偉弘麗[illegible]之迹，有間視四方儒學則煥然足聳京畿之觀[illegible]遂明年春教授梁礪偕[illegible]以著郡學[illegible]之意謀於今國子助教饒沈[illegible]趙煥相與礲石請文於余。余之[illegible]學而成者必有所致尊，宗之[illegible]其所[illegible]于以及顏子曾子子思孟子而下吾

道之淵宗也祠不祠固無預聖賢之損益而吾
徒欲致尊崇之心舍是無所從事此與[illegible]
廟而後學而學之道亦必先本而後末也[illegible]
有言德行本也文藝末也觀孔子之教習[illegible]
忠信為本使凡來遊學於是者誠能先之忠信
以敦其德繼之文行以博其藝將見風俗之美
人才之盛皞皞乎彬彬乎於　輦轂之下有莫
盛於此者矣欲於記學之成書以期之。

〇七九五　正统十一年　拆故顺天府学新之

康熙朝《顺天府志》卷三

正統十一年，府尹王賢顧其舊址四邊多爲軍民所侵，不足以擴充堂搆，因請復其地。遂拆故新之，爲大成殿，翼以兩廡，前爲戟門，殿與門爲間各三，廡爲間各五，因舊爲廟，以祠宋丞相信國文公。爲六齋，進德修業，時習日新，崇術立教。于明倫堂東西治舍，以棲諸生。會饌有堂，有廚有庫，而蔽之重門、齋門。廚、庫爲間各三，饌堂爲間各五，而舍爲間十二倍于饌堂。觀成日，少司徒盧陵陳循爲記。

〇七九六　正统十一年　重修顺天府学

《日下旧闻考》卷六五

[补]陳循重修順天府學記：學在今府治東南教忠坊，初元太和觀也。洪武元年，以觀爲大興縣學。永樂元年，陞北平府爲順天府，則大興縣儒學例不得設矣，遂以爲府學。九年，同知甄儀建明倫堂東西齋舍。十二年府尹張貫建大成殿，又建學舍於明倫堂後。歲久頹毀。寧陽王賢來爲府尹，顧其舊址多爲軍民所侵，乃謀於府丞番陽王弼、治中長沙易斌、通判寧海楊轅、推官安陸彭理，相與請復其地。既得請，遂撤故新之，爲大成殿，翼以兩廡，前爲戟門，以祠先師先賢。因舊爲廟以祠宋丞相信國文公。爲六齋於明倫堂東西，附以棲生之舍。會饌有堂，有廚有庫，而蔽之重門焉。明年春，教授梁[石肅]輩相與礱石，請予文爲記。芳洲集

〇七九七　正统十一年　代简王葬採掠山

道光朝《大同县志》卷七

明代簡王桂，太祖第十三子。母郭惠妃。洪武七年七月十八日生。十一年封豫王。二十四年四月十三日改封代。二十五年十月二十五日就藩大同。糧餉艱遠，令立衛屯田以省轉運。桂與蜀王椿同母，性暴。建文時廢爲庶人。成祖初復爵。永樂九年條桂三十二罪，醮讓之，召入朝不至，再召乃至，遂革其三護衛。王妃中山王徐達女，驕而妒。桂不悦，勅王譬視妃。正統十一年桂薨，壽七十一，葬採掠山。

〇七九八　正统十一年　改建顺天府清凉寺

《明一统志》卷一

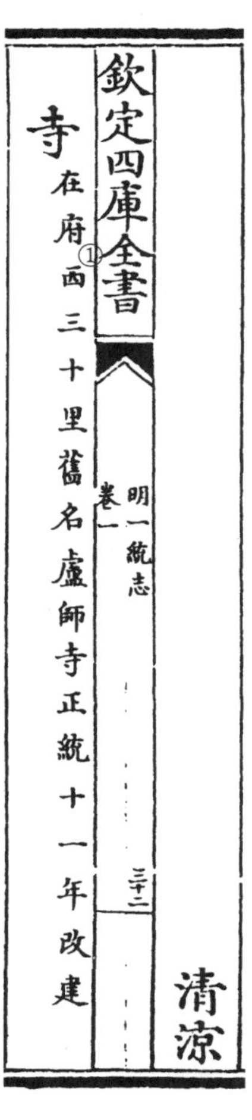
欽定四庫全書　明一統志卷一　三十二

清涼寺在府[1]西三十里舊名盧師寺正統十一年改建

① 编者注：顺天府。

〇七九九　正统十一年　复修圣安寺易名普济寺

《图书集成·职方典》卷四五

析津日記。聖安寺金元舊碑無一存者。殿前明碑二，一慈仁寺沙門德慶撰，通政司參議廣陽趙昂書，成化二十年九月立石。一上谷參軍張壽朋撰，江西道監察御史徐圖書，萬曆十八年四月立石。寺向有金世宗章宗李宸妃像，今皆無之。殿前怪柏已盡，惟有兩楸樹而已。其地名東湖柳村，匪獨湖堙，柳亦不見。蓋此寺圮而復修於正統十一年，易名普濟寺。內官營建，欲侈己功，輒去故碣，既更新額，并毀舊碑，使考古者無足徵信，真可憾也。

〇八〇〇　正统十一年　敕建通州八里庄桥

《日下旧闻考》卷一〇九

原 八里莊橋卽永通橋，在普濟牐東。正統十一年勅建，祭酒李時勉作記。通州志

〔臣等謹按〕永通橋距州治八里，明李時勉碑尚存。

正统十二年

（一四四七年一月十七日至一四四八年二月四日）

〇八〇一　正统十二年正月二十三日　南京兵部尚书李郁卒

南京兵部右侍郎李郁卒。郁字文煒，河南洛陽縣人。朝廷方有營建，將取材於巴蜀。廷臣以郁薦，起掄採有方，應期而集。

《明英宗实录》卷一四九

〇八〇二　正统十二年二月二十七日　火毁南京兵部厅房

南京兵部右侍郎徐琦奏，本部郎中宋勉巡風不謹，以致火燬廳房，宜寘治之。臣不嚴督，亦合有罪。上宥琦，命南京刑部逮勉罪之。

《明英宗实录》卷一五〇

〇八〇三　正统十二年三月初七　景陵卫仓火　《明英宗实录》卷一五一

景陵衛倉火。

〇八〇四　正统十二年三月　立楚昭王碑　康熙朝《武昌府志》

楚昭王碑

李俔無似，忝惟王祖、王考至德 令行。昭園、莊園未有樹碑，所以靡寧。敬述梗概上聞于朝，冀于文儒為著刻詞，以貽末世。仰荷玉旨，謂國家先代陵碑，皆後聖親述，用克詳也。爰命李俔自述其詞。臣李俔俯伏膺命，不敢以不文不勉。謹序昭園之碑曰，王祖諱楨，姓朱氏，大明太祖聖神文武欽明啟運俊德成功統天大孝高皇帝，孝慈昭獻至仁文德承 天順聖高皇后第六子，生母昭敬太妃胡氏。王祖生于甲辰年三月三日，英姿謹質，聰慧出倫，天性端重，幼而好學。皇曾祖，皇曾祖妣咸所鍾愛。洪武三年四月七日授金册金寶，封為楚王。十四年四月二十二日之國湖廣之武昌。既至，惓惓奉祖訓，率礼度，留心典籍，靡他嗜好。書十事坐側，旦夕自警。恭慎儉約，恒存省己，直言讜論，聽納如流。鑒前古藩王之失，府中官属皆出廷授，未嘗外通賓客。愛恤國人，恒恐傷之。地産之利，卒推畀民，不受貢獻。歲歉，嘗減禄米之半以紓民。軍校遵奉戒約，毋敢侵越。國中懷德如戴父母。太祖高皇帝皆稱曰賢王，名馬及海外貢珍之賜，殆無虚月。時宗室諸藩洲地商税多已停止，楚國仍舊，蓋加寵云。仁宗昭皇帝在春宮，敬愛之厚。每湖廣三司官辭，必戒以善事賢叔。洪武中，屢奉命率師征銅鼓及安福古州叛蠻，宏謨睿畧，所至成功。歲時入覲，褒賚加厚，及其從臣，并荷崇賜。太祖嘗諭之曰，楚國之安，由王之賢，豈資輔導。若庇汝等獲久于禄，亦由王賢。而汝等幸遇也。王祖性至孝，自幼侍父母，遇有疾，恒色憂。居喪哀毁踰禮。忠事朝廷，夙夜惟敬。治家嚴整，訓勵王考兄弟及李堄等，必務于學。嘗作家訓以貽之。王祖文史之餘，兼精武事，不惑于邪。全州妖人進所謨經懺，言憂中無量壽佛所授。慮其亂衆，械送京師，斬之。國中文武之臣，賢者禮之終身，雖死猶恤其家。長史管時敏有輔翼功，其病也，兩命駕視之。既没，哀之慟，命王考視其葬。永樂廿二年二月甲子不豫。丁卯起沐浴更衣，召王考兄弟諭曰，高皇帝得天下良難，吾保楚國亦不易。吾享國五十餘年，無毫髮玷。若等必遵祖訓，忠朝廷，務保守之道。苟違吾言，死有灵必不爾佑。又曰，國必有君，家必有長，而後齊一。吾没後，庶事必咨禀世子而行，勿違。戊辰薨。語不及他事。春秋六十有一。訃聞，上震悼，輟朝三日，遣豊城侯李賢賜祭，謚昭。命有司治喪，宗王及朝之公卿大臣皆致祭。祖妣王氏，定遠侯王弼之女，洪武十二年正月四日册為楚王妃。三十年十一月五日薨。今從王祖合葬江夏縣灵泉山之原。子男十。長王考諱孟烷，封楚王。薨謚莊。次巴陵悼簡王孟熜，次永安懿簡王孟炯，次壽昌寶禧王孟焯，崇陽王孟熇，次通山王孟熻，次通城王孟爍，次景陵王孟炤，次岳陽悼惠王孟熣，次江夏王孟炬。女九。長華容郡主，嫁儀賓馬注。次沅江郡主，次臨湘郡主，皆先卒。次清湘郡主，嫁儀賓耿秀。次雲夢郡主，亦先卒。次安清郡主，嫁儀賓魏寧。次澧陽郡主，嫁儀賓張鑑。次興寧郡主，嫁儀賓葛隆。次祁陽郡主，嫁儀賓李澄。孫男二十五。長季堄，今嗣封楚王。次黔陽王季埱，東安王季堁，季塽未封，嗣末安王季墊，嗣岳陽王季境。餘鎮國將軍。女十九。長新化郡主，嫁儀賓劉猷。次先卒。次湘鄉郡主，嫁儀賓王讓。餘縣主。曾孫男十六，女八。敬陳詩曰，高皇奉天，大正四海。爰初賜履，秉德執誠。以綏以理，温々靖恭。翼々小心，維孝顯々。維忠湛々，臨下維和。益祀維欽，允武且文。如玉如金，奕々楚邦。實奠南紀，時叙物豐。風厚俗美，帝喜其賢。民被其祉，五十餘年。必終猶始，靈泉之山，瑤琨在園。大君有命，小子無文，嗚呼王祖，陟降在天。錫監垂祚，裕我後昆。正統十二年三月　日，孫楚王季堄奉勅立石。

○八○五　正统十二年三月　立楚庄王碑

康熙朝《武昌府志》

楚莊王碑

嗚呼。古之人論譔其先世德善勳業，銘諸鼎彝，以比其身，以重其家國。予小子何足以知之。切惟王考莊王嗣承國祀，延及我後人，懿德碩行宜有紀述。重以皇王恩命不敢違，謹拜手稽首，序其實，勒神道。王考諱孟烷，太祖高皇帝之孫，楚昭王之嫡子，母妃王氏。王考生而英偉，甫六歲就外傳所讀書，即會大意。成童習武事，射命中。洪武丙子秋九月，冠於京。又明年夏五月，受冊寶封為楚世子。甲辰冬十一月，襲封楚王。王考天性孝友，事王祖考、王祖妣，容色婉順，得其欢心。待諸弟極愛厚，出入相携，講學、食飯未嘗異席，終身不衰。王祖考、王祖妣喪，守礼終制，尊奉祖訓，及朝廷法度，惟恐不至。遇慶賀，及貢獻，必敬必誠。奉神明，齊明嚴肅，以求感格。待官屬，崇信賢才，識弗稱亦矜恕之。凡經事王祖考者，必思保全。護衛軍校，節其力役，飢寒者恒出布粟賑之。嘗念國家備邊禦侮，將亡勤勞，而王府軍校多安閒，又以二護衛歸朝廷。府中旧于西安牧馬，嘗聞邊軍缺馬，請命總兵者，任其選用。宣德甲寅，武昌民飢，為糜粥濟之，多所全活。近城累有虎傷人畜，王考出捕，悉射殺之，民免於毒害。朝京師，所賜衣服、名馬、錦幣、寶鈔諸物不可勝計。正統四年秋八月癸未，王考有疾，一切儀禮，請命李堄代行。疾亟，付以國事，諭令謹守王祖成憲，分毫無改。壬寅，悉屏宫人，起更衣冠，端坐而逝。春秋五十有八。訃聞，上哀悼，輟視朝三日，遣成安侯郭晟諭祭，謚曰莊。勅有司營葬如制。是年冬十二月庚寅，葬灵泉山之原。王妣。鄧氏，寧河武順王愈之孫，子四人。長李堄，初封武陵王，今嗣封楚王。次黔陽王李埱，次東安王季塛，次季墺未封。女三人。長新化郡主，嫁儀賓劉獻。次早天。次湘鄉郡主，嫁儀賓王謙。嗚呼，惟我王考，聰明仁厚，樂善循理，謹守憲度，以保家國。始終無滛逸。舉先勤問，學經史子集，覽究其要。有詩文集。善大字，有楷書黃庭經于世。宣廟嘗称之曰，宗室中至親至賢者也。宜孫高年，為我子孫儀式。遽見遐棄，嗚呼痛哉。亦惟先德，不能已於言，謹拜手稽首，而獻詩曰，懿我楚國，王祖肇封。爰及王考，帝訓是崇。仰惟帝訓，子孫娖度。保國安民，式由皇祖。啟之承之，念兹在兹。宜我國家，世濟光熙。江漢朝宗，藩翰攸峙。天監厥衷，用錫我類。閔予小子，嗣守家邦，允懷繼述，夙夜靡遑。歲七昭園，莊[閣]在側，穹碑有辭，用示無極。正統十二年三月　日，楚王季侃、季埱奉勅立石。

〇八〇六　正统十二年四月十二日　令晋府宁化王庆成王自建府第

癸卯，晋府寧化王濟煥、慶成王美埥各奏，乞賜物料、工匠，爲子女建府第。上以山西百姓艱於征役，命有司給地與王，令自爲之。

《明英宗实录》卷一五二

〇八〇七　正统十二年四月十二日　减省代王坟茔地亩房屋

大同總兵官武進伯朱冕言，大同軍民疲於役税已極，今復爲代主造墳如腹裏親王之制，誠不能堪。臣見代王生前所居宫殿，地不過二頃，飾惟以黑瓦。今已甍逝，墳地又廣而瓦用琉璃，使王有知，亦不忍困軍民以自奉也。乞勑該部將原定墳塋地畝、房屋減半，飾用黑瓦，庶工易完而人不困。巡撫少卿于謙亦以爲言，且及代世孫妃墳亦請減省。上皆從之。

《明英宗实录》卷一五二

〇八〇八　正统十二年四月二十五日　修孝陵懿文陵讫工

《明英宗实录》卷一五二

丙辰，修孝陵、懿文陵訖工。命駙馬都尉趙輝祭告　太祖高皇帝　孝慈高皇后。豐城侯李賢告謝后土之神。

〇八〇九　正统十二年四月二十六日　令代府自办祭祀诸物

《明英宗实录》卷一五二

山西蔚州知州畝信奏，代府春秋祭祀社稷、山川壇場，合用牲幣諸物。長史司先期移文大同府，派所屬州縣買辦。緣本處土寒民貧，牲幣俱非所產，往往倍用價買輸，小民不勝疲困。況又供億往來朝貢使臣浩繁，乞准晉府例，令其齋郎自辦。從之。

〇八一〇　正统十二年闰四月初一日　修高梁桥闸　《明英宗实录》卷一五三

修高梁橋閘。

〇八一一　正统十二年闰四月初三日　修都城北垣毕工　《明英宗实录》卷一五三

甲子，遣太保成國公朱勇、工部侍郎王佑祭京都城隍洎司工之神。以修都城北垣畢工也。

〇八一二　正统十二年闰四月十七日　兔儿山东马房仓火　《明英宗实录》卷一五三

兔兒山東馬房倉火。戶部尚書王佐等劾奏主守官不謹罪。上命刑部究治之。

○八一三　正统十二年闰四月十八日　追取施智化寺物之民被发充军

《明英宗实录》卷一五三

刑部尚书金濂言，民以王觀音像施智化寺僧求囑事，僧不肯，乃追取所施甚迫。論罪當杖，但其情重，難以常律處。上是之。特命發民充鐵嶺衛軍。智化寺，太監王振所建者也。

○八一四　正统十二年闰四月十八日　修南京中军都督府

《明英宗实录》卷一五三

修南京中軍都督府。

〇八一五　正统十二年闰四月十八日　升蒯祥陆祥俱为工部主事

《明英宗实录》卷一五三

陞工部營缮所所副蒯祥、陸祥俱為工部主事。以蒯善攻木，陸善攻石，嘗匠修城有勞也。賞授金吾右衛帶俸署都指揮僉事陳良為都指揮僉事，陞濟陽等衛指揮同知陳貴、陳善為指揮使，指揮僉事謝信、趙鑑、睽斌為指揮同知，以管軍修城有勞也。順天府帶俸經歷張忠亦自以修城有勞，乞陞官。上怒曰：陞賞出自朝廷，豈臣下可干邪。命下獄鞫之。法司奏當贖杖還職。上曰：忠終身石匠，其罷官仍就原役。

〇八一六 正统十二年闰四月二十五日 福州府闽县知县言四事

福建福州府閩縣知縣陳敏政言四事。

一、輪班諸匠。正班雖止三月，然路程窵遠者往還動經三四餘月，則是每應一班須六七月方得寧家。其三年一班者常得二年休息，二年一班者亦得一年休息。惟一年一班者奔走道路，盤費罄竭，乞令改作二年或三年一班。如有修造，將二年一班者上工四箇半月，一年一班者上工六箇月。庶各匠皆得休息。

《明英宗实录》卷一五三

一、禮制榜文。庶民房舍不得過三間五架。今福州街市民居有七架九架，其架或過於五，而一間二間，其間不至於三。讎家健訟指爲口實，官府丈量俱論違式，紛紜拆改，不得安居。乞今後房舍架多而間少者不罪。庶刁頑息告訐之風，良善遂安居之樂。事下禮部會議，以爲户口鹽粮宜從勘報，輪班人匠舊例難改，餘悉宜允所言。從之。

〇八一七　正统十二年闰四月二十六日　命修东岳庙城隍庙　《明英宗实录》卷一五三

丁亥，命工部右侍郎王佑修東嶽廟、城隍廟。

○八一八　正统十二年五月初十日　中都留守司都指挥伐木皇陵下狱　《明英宗实录》卷一五四

庚子，中都留守司都指揮張斌以採備赴京，爲下人告其伐木於皇陵，及貪污諸罪，下獄鞫之。

○八一九　正统十二年五月十六日　修南京奉先殿　《明英宗实录》卷一五四

丙午，修南京奉先殿，敕守備豐城侯李賢等督工。

○八二〇　正统十二年五月十六日　修南奉先殿及帝王功臣诸庙　朱国祯《大政记》卷一四，参见《明书》卷八

丙午，修南奉先殿及帝王功臣諸廟。

○八二一　正统十二年五月十六日　修南京奉先殿　《国榷》卷二六

丙午。修南京奉先殿。

○八二二　正统十二年五月十七日　外供用库草场火　《明英宗实录》卷一五四

丁未，外供用库草场火。提督侍郎张睿劾管草内使不谨罪。上命有司究治之。

○八二三　正统十二年五月十八日　修东岳庙兴工　《明英宗实录》卷一五四

戊申，遣工部右侍郎王佑祭司工之神，以修东岳庙兴工也。

○八二四　正统十二年五月十九日　命修南京历代帝王等十三庙　《明英宗实录》卷一五四，并见《明英宗宝训》卷一

命南京工部修歷代帝王、本朝功臣、真武、普濟、祠山、五顯、嘉祐及漢壽亭侯、晉卞忠貞公、南唐劉忠肅王、宋曹武惠王、元衛國忠肅公、都城隍十三廟。俱於內庫支給物料。

○八二五　正统十二年五月十九日　修南京各祠庙　《国榷》卷二六

己酉。修南京各祠廟。

〇八二六　**正统十二年五月二十六日　代简王丧葬毕**

《明英宗实录》卷一五四

丙辰，代世孫仕壥奏，權襄垣王遜𤏲送父代簡王喪於東城外葬畢，願廬墓百日。上曰，王能如此，足見孝誠，宜從其願。

〇八二七　**正统十二年六月初四日　南京山川坛灾**

《明英宗实录》卷一五五

南京大風雷雨，山川壇災，殿廡俱燬。

〇八二八　**正统十二年六月初四日　南京山川坛灾**

《国榷》卷二六

六月辛酉朔。甲子。南京大風雨。山川壇災。

○八二九　正统十二年六月初十日　处置侵占南宋帝王欑宫豪民

浙江會稽縣人趙伯泰自稱宋苗裔。奏宋孝宗理宗欑宮在會稽，安定郡王墳在諸暨，福王及天人墳在山陰，各被豪民侵為田宅，縱樵牧其處。甚至毀其臺基垣墻。事下，監察御史王琳、左參議李源、僉事高璐以伯泰為誕，且謂福王降元，北去紹興，安得有墓。伯泰不平，復訴之。命巡按御史歐陽澄，按察使軒輗覆焉。澄、輗言伯泰所奏皆實，福王墳蓋衣冠之藏。上怒，罰琳等俸兩月，豪民俱發戍遼東邊衛。

《明英宗实录》卷一五五

○八三〇　正统十二年六月二十九日　修南海子北门大红桥

修南海子北門大紅橋。

《明英宗实录》卷一五五，并见《日下旧闻考》卷七五

〇八三一　正统十二年六月　南京山川坛灾

十二年六月，南京山川壇災。

《明史》卷二九

〇八三二　正统十二年六月　修南海子北门外红桥

十二年六月，修南海子北門外紅橋。

《图书集成·职方典》卷三七

〇八三三　正统十二年七月二十六日　敕湖广三司修理长沙旧襄府

敕湖廣三司，適開荆府建國蕲州，地土窄狭，難於經久。且慮所請田地、湖池之類，或有侵損軍民，皆非良便。爾三司各遣官将長沙舊襄府殿宇、房屋修理完美。奏聞處置。

《明英宗实录》卷一五六

〇八三四　正统十二年七月二十九日　命大臣提督修盖一应仓厂

命泰宁侯陈瀛同右少监姜山义，及工部委官提督修盖一应仓厂。

《明英宗实录》卷一五六

〇八三五　正统十二年八月初三日　修南京奉先殿工毕

壬辰[①]，修南京　奉先殿工毕。命南京守备太监刘事请六庙、太皇太后神位安奉，备香帛牲醴祭告。

《明英宗实录》卷一五七

① 壬辰　舊校改辰作戌。

〇八三六　正统十二年八月初四日　命修阙左门里贴黄房屋

癸亥，命修阙左门里贴黄房屋。

《明英宗实录》卷一五七

○八三七　正统十二年八月初五日　命修徐王坟

命修徐王墳内外牆垣、角門，更東西下馬牌樓。

《明英宗实录》卷一五七

○八三八　正统十二年八月十六日　造书板房于内府

命造房四十餘間於內府，以貯五倫等書板。從工部奏請也。

《明英宗实录》卷一五七

○八三九　正统十二年八月二十日　修长献景陵所用器皿

己卯，命修長陵、獻陵、景陵所用硃紅三牲案匣、戧金龍畫等器皿共二千餘件。從祠祭署奏請也。

《明英宗实录》卷一五七

〇八四〇　正统十二年八月二十五日　重建京城东岳庙成御制碑文

《明英宗实录》卷一五七，碑文并见《芳洲文集》卷二，碑文略见《日下旧闻考》卷八八

甲申，重建京城東嶽廟成。御製碑文曰：朕惟天生萬物，必資五行四時之佑，而後能成生長收藏之功。君主萬民，必嚴五嶽四瀆之祀，而後能成惠養奠安之政。是故聖王之制祭祀，能禦大菑則祀之，能捍大患則祀之。觀於舜陟帝位，與夫巡守①四方，必望秩于山川。武王大正于商②，必告所過名山、大川之類是也。而況君爲百神之主，國之大事，祀又爲之首乎。於乎，君必祀神以禮，則神爲君於民所欲與聚，所惡勿施，不獨禦大菑捍大患而已。神必庇民以惠，則君爲民於神辨方秩祀，築宮肖像，不獨望而祭之，過而告之而已。此東嶽廟所以建於都城也歟。天下之嶽有五，而泰山居其東，民之所以③莫大於生，而東則生之所從始。故書稱泰山曰岱宗，以其以生萬物爲德，爲五嶽之尊也。廟而祀其神於都城之東，示欲厚民生也。國家祀典於凡

山川之神，春祈秋報，既享祀於郊矣。然惟天子得以親之，而非民庶所得瀆也。士女、車徒④，來尸來宗，得以盡其禳禬之私於歲時者，獨非有所望於廟乎。乃詔有司，治故地於朝陽門外，規以爲廟，中作二殿，前名岱嶽，以奉東嶽泰山之神。後名育德，俾作神寢。其前爲門，環以廊廡，分置如官司者八十有一，各有職掌。其間東西左右，特起如殿者四，以居其輔神之貴者⑤，皆肖像如其生。又前爲門者二，傍各有祠，以享其翊廟之神，有館以舍其奉神之士。廟之廣深凡若干畝，爲屋總若干楹，壯偉宏麗。蓋始於正統十二年五月十八日，而落成於八月十五日。材出公之素備，工用役之常賦，而民無有知者。歲時致以香幣⑥，冀神運生生之機於無窮，亦順民所欲之一也。乃勒祝神之辭於石，曰：自昔帝王，建國分方。封嶽爲五，以奠厥疆。神各受職，入陰出陽。運機膚寸，贊化被蒼⑦。有若岱宗，峻臨陽谷。出雲敷雨，不疾而速。何枯不春，何焦不沃。弘帝之仁，錫民之福。其在五嶽，專職發生。蒼龍青旂，八極游行。或長或養，資其孽萌。凡百有就，實肇兹靈。秩視三公，嶽執爲首。曰惟泰山，獨鍾神秀。徂徠新甫，峙其左右。咸効乃長，以相以佑。神照其澤，雖曰自東。民之沐之，四海攸同。望祭有典，豆籩既豐。神之享之，惟鑒予恭。都人小大，皆感神惠。巖巖莫瞻，衷情曷慰。予允念兹，乃詔工氏。爲神築工⑧，城之震位。上以祠神，下以順民。民爲神式⑨，神與民親。佑其孝弟，俾其菑屯。副其禱禳，昭神之仁。有堂翼然，有像儼若。神之臨之，如在岱嶽。雕徒庇民，衛我郊郭。疵癘弗興，兵祲不作。人理其陽，神司其陰。陰陽表裏，同此一心。生生之道，惟神是諶。以爲神職，神可不任。宜暘而暘，宜雨而雨。神之在山，則應下土。惟惡是奪，惟善是予。神之在廟，則翊予度。

① 巡守　廣本守作狩。

② 武王大正于商　廣本正誤征。

③ 民之所以 廣本以作欲，是也。
④ 士女車徒 廣本徒作從。
⑤ 輔神之貴者 廣本神作臣。
⑥ 香幣 廣本幣作帛。
⑦ 賛化被蒼 廣本被作彼，是也。
⑧ 築工 廣本工作宫，是也。
⑨ 民爲神式 廣本爲作以，是也。

○八四一 正统十二年八月二十五日 命修南京大理寺

命修南京大理寺。

《明英宗实录》卷一五七

○八四二 正统十二年八月二十五日 修东岳城隍二庙完

工部奏修東嶽、城隍二廟完，請撥廟户以供灑掃。從之。

《明英宗实录》卷一五七

〇八四三　正统十二年八月二十五日　重建京城东岳庙成

甲申，重建京城東嶽廟成。

朱国祯《大政记》卷一四

〇八四四　正统十二年九月初九日　集材修造南京山川坛

守備南京太監劉寧奏，六月間南京大風雷雨，山川壇火，殿廡、樂器、祭器皆焚毀。乞集材修造。從之。

《明英宗实录》卷一五八

〇八四五　正统十二年九月十七日　晋府临泉王薨命营葬赐圹志

晉府臨泉王美㙮薨。王晉定王第六子，母孫氏，永樂十八年生。宣德元年封鎮國將軍，

《明英宗实录》卷一五八

正統二年冊封臨泉王。至是薨，年二十八。訃聞，上輟視朝一日，遣官致祭，謚曰莊簡。命有司營葬，賜壙誌。

○八四六　正统十二年九月二十六日　修京都都城隍庙毕　《明英宗实录》卷一五八

乙卯，以修京都都城隍廟畢，遣禮部尚書胡濙祭告都城隍之神。工部右侍郎王祐祭司土之神。

○八四七　正统十二年十月初三日　命修南京左军都督府　《明英宗实录》卷一五九

命修南京左軍都督府。從掌府事駙馬都尉趙輝奏請也。

〇八四八　**正统十二年十月十四日　重建城隍庙成**　朱国祯《大政记》卷一四

十中重建城隍
廟成。

〇八四九　**正统十二年十月十五日　除大功德寺所占田税粮**　《明英宗实录》卷一五九

初，宣德中建大功
德寺占田六頃有奇，稅糧未除，累民包納，至是十八年矣。被累
者數奏。覈勘既實，上命除之。

〇八五〇　**正统十二年十月二十七日　许唐王自造小院宫室**　《明英宗实录》卷一五九

乙酉。初，唐王造府中便室十
餘間，爲鎮平縣知縣所奏，左右長史俱坐罪。至是，王援　皇明

祖訓，王子王孫繁盛，小院宫室任從起蓋之言。請自後修造不多費者，許臣自造，庶免煩瀆。詔許之。

《明英宗实录》卷一六〇，碑文

〇八五一 正统十二年十一月初四日 重建城隍庙成御制碑文

并见《芳洲文集》卷二，碑略见《日下旧闻考》卷五〇

壬辰，重建城隍廟成。御製碑文曰，朕惟自古國家建立宗廟、社稷、朝市之位，必營城池，以為之固。周公相成王，作洛，築王城于澗瀍之間，為周匹休之地。亦所以安輯萬民，臨制四方，而肇朝會之觀於天下。以是知雖文武盛德大功，而其久

安長治之圖，不能外乎此也。我國家自　祖宗肇建兩京，皆置城池，以永萬億年之定命于　天。蓋與成周之意若出於一。朕承大統，夙夜惓惓，惟以繼述為心，遹以京都城垣，猶有未盡治者。乃命撤其故而新之，甃以堅甓。於是四周、表裏確然完固，庶幾天造地設之所成矣。夫成之雖由於人，而主之，必資於神。神以主是為其職，人必因是崇其號，故其神曰城隍。蓋古今所同也。舊有城隍廟在都城西南隅，因陋甚矣。朕念弗稱其所主也，城完之日，令更造焉。中作正堂，從為神寢，堂之前為正門。自堂左右至門，翼以周廊，如官司之職掌，以彙名者十二。廊東西中特起如堂者二，名左、右司。正堂以祠城隍之神，而旁以居其輔相者各以序置。門之外為重門，東西置鐘鼓樓。其從各有舍，以棲其守護之人。蓋總為屋以間計者一百九十。其地以丈計者，深七十一丈，廣四十一有奇。材出於官之素具，工役於力之常供，一無所預於民。成不浹旬，而功倍於累月。孟子所謂不日成之，或庶幾焉。又謂以佚道使民，雖勞不怨。況無所事於使，而民得其完固之安，則樂可知而不怨，又不足言矣。中庸曰，致中和，天地位焉，萬物育焉。萬物之育，固本於吾心之中和，非有所待於外。至於善惡是非隱於民，有非人所能知。菑害疾疫生於下，有非人所能禦，於是始有待於神之力焉。神能公其善惡是非之隱而不爽，恤其菑害疾疫之生而不倦，則為得其職矣。神得其職。則人之祠之也。雖侈其宮，而位列如官府，宰治衆庶，夫豈為過也哉。自國都以至於天下郡邑，其不各有其祠，然視其土之吏，而春秋則就享祀之，示幽明一致也。京都城隍又豈非其神之統歟。其秩視亦可以推矣。廟既落成，乃碑而系之以銘。曰，大明立國修垣墉，臨制四海古所同。保固社稷表無外，壯觀山河那有窮。兩京弘建直南北，萬年洪業肇祖宗。湯池鑿地臨海險，金壁列雉造天雄。自此而內爲朝市，曹司邸第捷巨工。自此而外爲郛郭，閭閻田里居民農。誰其主此辨方位，爰有神奠坤維中。與常職任既顯畫，守護防衛惟嚴恭。羣情真僞隱莫究，鑒察是否須明聰。人心好惡紛難徇，予奪淑慝仗正忠。陰陽表裏實關係，彼此感應宜靈通。資神翊我所未逮，故茲相方爲築宮。阜安民物本朕志，宣達鬱澤由神躬。神之可倚信不爽，神之可託心至公。凡民疾疫有禱禬，期副虔懇祛瘵痾。捍禦菑患民康豫，調順雨暘臻稔豐。誘彼愚昧趨德善，保我家國躋盛隆。五兵偃戢塵弗起，四境平治績愈崇。惟茲建祠我非過，時乃昭神享當功。崇墉巖巖神所附，安如磐石永如嵩。

〇八五二　正统十二年十一月二十六日　令改造宫禁及官府漏箭

甲寅，欽天監監正彭德清言，欽蒙遣鑄銅儀，委夏官正劉信考較測驗，得北京北極出地度數，太陽出時刻與南京不同。南京北極出地三十六度，北京出地四十度强。南京冬至日出辰初初刻，入申正四刻，夜刻五十九。夏至日出寅正四刻，入戌初初刻，晝刻五十九。北京冬至日出辰初一刻，入申正二刻，夜刻六十二。夏至日出寅正二刻，入戌初一刻，晝刻六十二。各有長短差異。今宫禁及官府漏箭皆南京舊式，不可用。上令内官監改造。

《明英宗实录》卷一六〇

〇八五三　正统十二年十一月二十八日　命修南京户部军储仓

命修南京户部軍儲倉六十餘間。

《明英宗实录》卷一六〇

〇八五四　正统十二年十一月二十九日　致仕吏部尚书郭琎卒

《明英宗实录》卷一六〇

致仕吏部尚书郭琎卒。直隸新安縣人。①

歷陞工部右侍郎，時修武當山宫觀，命琎董其工事。改轉吏部左侍郎。

① 直隸新安縣人　廣本直上有琎字，是也。

〇八五五　正统十二年十二月初一日　起补老疾病故工匠

《明英宗实录》卷一六一

工部奏請起補老疾病故匠。上命從公糜視，若其户有三丁以上者，取壯丁一人補。三丁以下者，釋之。敢有隱蔽害民，治罪不宥。

〇八五六 正统十二年十二月初二日 镇国将军无造享堂例

《明英宗实录》卷一六一

己未，潞城王請爲其子故鎮國將軍仕阡建享堂。工部覆奏，鎮國將軍甍，止造墳、并周圍墻垣、靈星門，無造享堂例。上從之，不允王請。

〇八五七 正统十二年十二月十一日 汾州请展州治建粮仓

《明英宗实录》卷一六一

戊辰，山西汾州奏，州治以爲慶成王府，暫就稅課局理事。然局房止六間，請遷徙左右居民，展其地爲州治。又言歲收糧十餘萬，皆借貯廟宇中，請以儒學射圃傍隙地爲倉。俱從之。

○八五八　正统十二年十二月十七日　修青龙桥减水闸

《明英宗实录》卷一六一

修青龍橋減水閘。

○八五九　正统十二年　令改造宫禁及官府漏箭

《明史》卷二五，并见《日下旧闻考》卷四六

明年冬，監正彭德清又言：「北京，北極出地度、太陽出入時刻與南京不同，冬夏晝長夜短亦異。今宫禁及官府漏箭皆南京舊式，不可用。」有旨，令內官監改造。

○八六〇　正统十二年　重修开平忠武王祠

《明一统志》卷一

開

平忠武王祠在通州城東南。王姓常，名遇春，本朝功臣。洪武三年建祠以祀之。正統十二年重脩。

〇八六一　正统十二年　敕修常国公庙　光绪朝《顺天府志》卷二三

常國公廟，舊在舊城南門内東南隅，明洪武間敕建，祀開平忠武王常遇春，以樂山侯孫興祖配。每年春秋上丁致祭，正統十二年敕修。

〇八六二　正统十二年　建通州永通桥　《明一统志》卷一，参见《明会要》卷七五

永通橋　在通州城西六里。正統十二年建，賜名永通。祭酒李時勉撰碑記。

〇八六三　正统十二年　重修法华寺赐额　隆庆朝《昌平州志》卷八

法華寺在州治東北四十里，銀山鐵壁之麓，即大延聖寺，邇近京名刹。天壽山之艮隅，其岳靈鍾斎，實有以拱護皇陵。正統十二年重修。敕賜名額。金天會三年始建，所領七十二菴，為唐僧鄧隱峰藏修之處，勝槩不讓京西諸山。

〇八六四　正统十二年　重修赐名法华寺　《帝京景物略》卷八

銀山

天壽山東北六十里，曰銀山。或曰望也非金方鎔於冶，非月下之潮方至，非鑌甲練刃，西來萬騎而日方東，山之光也，曰銀山矣，或曰礦焉。銀山近皇陵，故禁樵採。松不勝其柯而偃，柏拂地而已枝，橡子落而無人收，榆柳條繁而禁老秋，壁生樹頂，泉流葉間。山最高曰中峰，懸索升之，三四里，上石欄，供石佛。唐鄧隱峰禪師，修於此山，道成此山，故多隱峰跡。峰下石巖，隱峰晏坐處。巖上石如臺也，隱峰説法臺。嶺邊一松，曲如椸枷也，隱峰掛衣樹。峰有妹，與俱出家。夕定巖下，冥府攝峰，鬼詣峰前，覓不得見而去。末山尼開堂説法，峰挾刃夜試所守。尼憚失志，取其袓服，集衆曉之，其徒立散。峰參馬祖得悟，因遊五臺。路出淮西，屬官軍討吴元濟，鋒方交，峰擲錫空中，飛身而過，兩軍齊見而譁。後入金剛窟，將示寂，問衆曰：『諸方遷化，坐去，卧去，還有立化也無？』曰：『有。』『還有倒化也無？』曰：『無。』師乃倒立而化，亭亭然，衣亦順體，斬斬然。舁就荼毘，不可動，屹屹然。其妹咄曰：『兄生不循法律，死更惑人。』推之而仆。中峰下有寺，金天會三年建，曰大延聖寺。殿三重，墀皆僧瘞骨塔，自佛覺禪師下，凡七。正統十二年，太監吴亮重修，請賜名曰法華。二碑，皆吴亮自撰并書。其一碑曰感恩，感英宗丁卯三月三日，謁陵畢，幸寺降香，賜僧白金綵幣碑也。按亮逮事建文，比建文自滇入京，無識者，英宗遣亮往，建文遥見，卽曰：『吴亮也。』亮謾曰：『非。』建文曰：『亮，爾昔進食，擲鵞賜爾，爾兩手各有執，乃就地餂以食，爾忘之矣！』亮泣，伏地不能起。復命，退而縊焉。又金大定六年碑，刻隱峰銀山十咏。又弘治十年碑，翰林學士汪諧淨業堂記，今斷。寺西上半里，松棚菴。門内外各一松，松正似，俱輪蓋，内陰滿院，外陰滿崖。北上一里，鐵壁寺。塔曰延聖塔，弘治四年建。塔前弘治八年釋行倫詩碑，記稱法華寺，領七十二菴。今菴自松棚下，二十五爾。

〇八六五　正统十二年　重修赐名法华寺

《图书集成·职方典》卷一〇

銀山　在昌平州天壽山東北六十里，曰銀山，山光也，或曰礦焉。近明陵故禁樵採。泉流葉間，最高曰中峰，懸索升之三四里，上石欄供石佛，唐鄧隱峰禪師修於此，峰下石巖隱峰晏坐處。巖上石如臺，隱峰說法臺也。嶺邊一松曲如纜柳，隱峰挂衣樹也。隱峰有妹與俱出家，隱峰參馬祖得悟，因遊五臺，路出淮西，屬官軍討吳元濟，鋒方交，隱峰擲錫空中飛身而過，兩軍齊見而讙。後入金剛窟將示寂，問衆曰，諸方遷化坐去臥去有立化也無？曰有。有倒立也無？曰無也。師乃倒立而化，衣亦倒豎。舁就荼毘不少動。其妹咄曰，兄生不循法律，死更惑人，推之而仆。中峰下有寺。金天會三年建，曰大延聖寺。殿三重，墖皆僧瘞骨塔。自佛覺禪師下凡七。明正統十二年太監吳亮重修。請賜名曰法華。二碑皆吳亮自撰并書。其一碑曰感恩。感英宗丁卯三月三日幸寺賜僧金幣也。又金大定六年碑，刻隱峰銀山十味。又弘治十年碑，翰林學士汪諧淨業堂記。今斷。寺西上半里松棚庵。北上一里鐵壁寺，塔曰延聖塔，弘治四年建。塔前弘治八年釋行倫碑記，稱法華寺領七十二庵，今止二十五爾。

○八六六　正统十二年　令庶民房屋架多间少不禁

《明会典》卷五九

正統

十二年令庶民房屋架多而間少者不在禁限。

正统十三年

（一四四八年二月五日至一四四九年一月二十三日）

〇八六七　正统十三年正月初八日　遣使持节册封淮代等王

乙未，遣永康侯徐安等为正使，尚宝司丞淩寿等为副使，持节册封淮世子祁銓为淮王，代世孙仕壥为代王，晋王第三弟钟镳为河东王，第四弟钟铫为大谷王。武昌护卫指挥同知程政妹为楚府大冶王季埏妃，东城兵马赵智女为潘世子幼塽妃，北城兵马副指挥徐忠女为稷山王幼垬妃。各赐冠服等物。

《明英宗实录》卷一六二

〇八六八　正统十三年正月初十日　广平江伯祠之制

故平江伯陈瑄有济河功，清河县民为立祠祀之。祠甚隘，至是瑄子仪以旧祠隘小，奏徙他所广其制。从之。

《明英宗实录》卷一六二

〇八六九　正统十三年二月初三日　修大兴隆寺

《明英宗实录》卷一六三，参见《图书集成·职方典》卷四一，《日下旧闻考》卷四三

修大興隆寺。寺初名慶壽，禁城西，[①]金章宗時創。[②]既太監王振言其朽敝，上命役軍民萬人重修，費物料鉅萬。既成，壯麗甲於京都内外數百寺，改錫今額，[③]樹牌樓號第一叢林。命僧作佛事。上躬行臨幸。[④]

① 禁城西　舊校禁上補在字。

② 金章宗時創　廣本抱本時下有所字，是也。

③ 改錫今額　廣本抱本錫作賜。

④ 上躬行臨幸　舊校删行字。

〇八七〇　正统十三年二月初三日　修大兴隆寺

《国権》卷二七

修大興隆寺。寺初名慶壽。在禁城西。金章宗建。太監王振言其敝。命役軍修之。費物料巨萬。壯麗甲于京都。上臨幸焉。

〇八七一　正统十三年二月十一日　敕赐太岳太和山紫霄等宫道经

敕賜太嶽太和山紫霄宫、南岩宫、五龍宫、淨樂宫道經各一藏。

《明英宗实录》卷一六三

〇八七二　正统十三年二月十七日　忠义前卫仓火

忠義前衛倉火，燒毁①米近千石。戶部參侍郎張睿不用心巡視，宜治罪。上以火發非人所爲，置不問。

《明英宗实录》卷一六三

① 燒毁　廣本抱本毁作燬。

○八七三　正统十三年二月　修大兴隆寺　《明史纪事本末》卷二九

十三年（戊辰，一四四八）春二月，修大興隆寺。寺初名慶壽，在禁城西，金章宗建。太監王振言其敝，命役軍民修之，費巨萬，壯麗甲于京都。上臨幸焉。

○八七四　正统十三年二月　太监王振重修庆寿寺　《明通鉴》卷二四

二月，太監王振重修慶壽寺，凡役軍民萬餘，人糜帑數十萬。寺在西長安街，元初所建。振以媚佛故新之。

○八七五　正统十三年三月初九日　命襄陵王受韩府所赐园池　《明英宗实录》卷一六四

甲午，韓府襄陵王冲炑奏，臣嫡母及韓王賜臣園池一所。臣念尺天寸地皆屬朝廷，謹奏以請。上命受之。

○八七六　正统十三年三月十一日　修南京鸿胪寺

《明英宗实录》卷一六四

修南京鸿臚寺

習禮亭、儀門及前後廳堂、廂房。

○八七七　正统十三年四月初九日　命鲁府护卫旗军修造王府

《明英宗实录》卷一六五

命魯府

護衛原撥運糧旗軍，併工修造王府房屋、城垣。候明年仍舊僣運糧儲。其屯田軍餘仍舊屯種，辦納子粒。

○八七八　正统十三年四月二十二日　修北上门外小河西岸

修北上門外小河西岸。

《明英宗实录》卷一六五

○八七九　正统十三年四月　重修通州开平忠武王庙成

重修開平忠武王廟碑　　王直

正統十二年秋八月，通州守臣李經言。州城東南隅舊有廟，以祀開平忠武王常遇春。蓋洪武三年奉勅建，每歲春秋守臣以少牢行禮庭下，載在祀典。今八十年矣。修治不繼，日入于敝，思無以稱朝廷崇德報功之意，請繕完如法。制曰可。命工部聚材鳩工，撤而新之。通州諸衛及州所屬縣，各以丁夫給役，且命總理通州諸務都指揮僉事陳信督之。命既下，文武吏士奉承惟謹，財不徵而集，工不名而至，知者效謀，壯者效力。作正殿，翼以兩廂，前啓三間，旁列廚庫，凡諸象設靡不畢備，弘麗廣深有加于昔。經始于九月己酉，而以明年四月成。惟王以忠信智勇佐太祖渡江，削平東南郡縣，遂議北征。車駕至汴，申命大將軍徐達，而王為之副。大聲所臨，無思不服。王先至通州，禁侵暴，務安輯，人不知兵，市不易肆，皆愛戴如父母，遂收燕都。明年平河東，入秦。元之敗卒復侵通州，王還兵拒之，州人免于荼毒，其德王尤深。既率師破開平，大俘獲而還，至柳河川，以疾薨。柩歸過通州，州人皆罷市迎哭。既去而念之不衰，飲食必祭。上思王之功，而知民之感慕如此，此廟之所以作也。王生為上公，沒有顯號，而廟祀永久，其在京師尤盛。此特其別祠耳。

《图书集成·职方典》卷二七，并见《日下旧闻考》卷一〇九

○八八○　正统十三年五月初八日　以居贤坊草场地缮造仓廒

革後軍都督府、濟陽等十衛居賢坊草場，以其地缮造倉廒故也。

《明英宗实录》卷一六六

○八八一　正统十三年五月十九日　晋王妃王氏薨

癸卯晋王鍾鉉妃王氏薨。妃兵馬指揮遜之女，正統九年冊封，至是薨。訃聞，上遣中官致祭，命有司營葬。

《明英宗实录》卷一六六

○八八二　正统十三年五月二十五日　从肃王以废仓地址盖住宅

己酉。肃王瞻焰奏，臣二女俱長，無住宅婚配。今蘭縣有廢倉地址一所可盖二宅。上命户部遣官覆視，無碍則從之。

《明英宗实录》卷一六六

○八八三　正统十三年五月二十八日　改天下儒学孔子像为右衽服

壬子，命各府州縣儒學孔子像在故元時塑者左衽服者，悉改右衽。從山西絳縣學訓導張幹言也。

《明英宗实录》卷一六六

〇八八四　正统十三年六月二十一日　命修大兴县平津三闸　《明英宗实录》卷一六七

命脩大興縣平津大、中、小三閘，及越河土壩。

〇八八五　正统十三年六月二十三日　颁宗室造坟占地盖房令　《明英宗实录》卷一六七，并见《明英宗宝训》卷一

丁丑，石樓縣主卒。有司造墳用地五十三畝有奇。永和王美鴝後請益墳外地三十畝增造具服等房。上以山西地土窄狹，豈可過用以妨民田。命今後造墳，一字王地五十畝，房十五間。郡王地三十畝，房九間。郡王之子二十畝，房三間。郡主、縣主地十畝，房三間。著為令。

○八八六　正统十三年七月二十四日　命修南京前军都督府并钦天监　《明英宗实录》卷一六八

戊申，命修南京前軍都督府并欽天監。

○八八七　正统十三年八月初二日　命以奉神香钱修泰安东岳庙　《明英宗实录》卷一六九，并见《明英宗宝训》卷三

先是，上以山東歲歉，命罷修泰安州東嶽廟。後知州陳嵩乞以累年人奉神香錢備料，募工修造。上不允。至是，漕運參將湯節言，地不甚歉，請如嵩言。且言訖工，乞御製碑文。上曰，節欲媚神，不知民困始甦，可復勞耶。其毋行。香錢修造，任節為之。

〇八八八　正统十三年八月十五日　命如今式营葬万全县主　《明英宗实录》卷一六九

交城王美垙奏。先蒙為臣女萬全縣主營塋，如邑留縣主例，得地五十餘畝，房九間。幾訖工，忽奉降式減地五之四，房三之二。然此地與房實在降式之前，乞仍以賜臣。上不允，命如今式。

〇八八九　正统十三年八月二十九日　修葺祖陵东南木桥　《明英宗实录》卷一六九

直隸泗州奏。祖陵東南原置木橋跨水，近多朽敝，不便經行，請督工修葺。從之。

○八九○　正统十三年九月初二日　修北中门里金水河

《明英宗实录》卷一七○

修北中门里金水河。

○八九一　正统十三年九月初八日　修砌南沙等河

《明英宗实录》卷一七○

辛卯，遣工部尚书石璞祭司工之神，以兴工修砌南、沙等河故也。

〇八九二　正统十三年九月初十日　左副都御使张琦卒

《明英宗实录》卷一七〇

都察院左副都御史張琦卒。琦字叔潤，山西盂縣人。正統辛酉陞工部右侍郎，逾年轉左侍郎。會朝廷有事獻陵，琦往治焉。

〇八九三　正统十三年九月十五日　宁王权薨命有司营葬

《明英宗实录》卷一七〇

戊戌，寧王權薨。王太祖高皇帝第十六子，母楊氏，洪武十一年生，二十四年冊封之國大寧。永樂元年遷江西南昌府。至是薨，享年七十有一。訃聞，上輟視朝三日，賜謚曰獻。遣官致祭，命有司營葬。王天性穎敏，負氣好奇，績學攻文，老而不倦。方之古賢王，殁不多讓。所著有詩賦、雜文、及天運紹統錄、醫卜、修煉、琴譜諸書。又有博山爐、古製瓦硯，皆極精緻云。

〇八九四　正统十三年九月十九日　命建沙河等处石桥

《明英宗实录》卷一七〇

命工部右侍郎王永壽建沙河等處石橋。時昌平縣奏，沙河等處當天壽山及居庸關道，舊橋用木，每歲秋架春拆，徒勞民力。況聖駕謁陵，官軍經行，皆不便。乞如清河甃之以石，庶得堅久。故有是命。

〇八九五　正统十三年九月二十九日　从沈王请为诸子建府第

《明英宗实录》卷一七〇

壬子，瀋王佶焞以諸子年長及婚期，請命有司爲建府第。從之。

○八九六　正统十三年九月　建沙河等处石桥

《明会要》卷七五

十三年九月，工部侍郎王永壽建沙河等處石橋。謁陵經行處。

○八九七　正统十三年十月初四日　大兴隆寺完工赐赏督工官军工匠

《明英宗实录》卷一七一，参见《图书集成·职方典》卷四一，《日下旧闻考》卷四三

丁巳，大興隆寺工完，賜督工太監尚義紵絲一表裏，鈔一千貫。工部右侍郎王永和紵絲一表裏，鈔五百貫。內官黎賢、主事蒯祥、把總、作頭、工匠、官軍各賞鈔有差。

○八九八　正统十三年十月初四日　大兴隆寺成

《国榷》卷二七

丁巳。大興隆寺成。

〇八九九　正统十三年十月　幸大兴隆寺

《通鉴纲目三编》卷一〇

冬十月幸大興隆寺。

寺，王振重修，役軍民萬餘人，糜帑數十萬。既成，壯麗甲京師。延崇國寺僧主之。帝親傳法，稱弟子。公侯以下趨走如行童焉。

質實　大興隆寺在西長安街。本名慶壽寺，金章宗時建。元初建二塔，一九級，一七級。正統十三年二月修大興隆寺，改賜新額，樹牌樓曰第一叢林。十月完工。嘉靖十四年四月大興隆寺災，十五年五月改為講武堂。

〇九〇〇　正统十三年十月　王振重修庆寿寺成

《明通鉴》卷二四

冬十月，王振重修慶壽寺成，壯麗甲京師，詔賜名大興隆寺。振延崇國寺僧主之，上幸寺中，親傳法，稱弟子，公侯以下趨走如行童焉。

○九○一　正统十三年十一月十二日　许辽王自备工料修先王坟茔

甲午。遼王貴烚奏，欲自備工料，修其先王墳塋之朽敝者。從之。

《明英宗实录》卷一七二

○九○二　正统十三年十一月十三日　令失班人匠运缘河之砖

吏部聽選司務江皇言，蒙工部差往直隸河間等府起取失班匠運甎赴京。臣惟匠之失班多以貧窘，今令運甎情似可憫。若以直隸、山東、河南等府衛州縣因該納米炒鐵贖罪者，視罪之輕重定甎之多寡，令自備船自臨清運赴張家灣，獄囚無淹，甎亦易完。事下工部尚書王巹言，除炒鐵者自動，餘悉如其言。　上曰，在京法司罪囚有力者，皆令運甎，緣河之甎仍令失班人匠運。直隸、山東、河南府衛州縣罪囚路途遥遠，搬運艱辛，其已之。

《明英宗实录》卷一七二

〇九〇三　正统十三年十一月二十日　不允有司修葺代府　《明英宗实录》卷一七二

代王仕壥奏，本府宮殿屢燬于火，其幸存者又皆朽剝，不堪居住。乞命有司爲修葺之。上以邊境多事，軍民艱困，不允。

〇九〇四　正统十三年十二月初二日　修南京太常寺　《明英宗实录》卷一七三

修南京太常寺。

〇九〇五　正统十三年十二月初九日　甘州中护卫军余往修段干木祠堂　《明英宗实录》卷一七三

陝西甘州中護衛軍餘段興自陳段干木後，有祠堂在山西安邑縣，請往修理。許之。

○九○六　**正统十三年十二月十三日　改塑文天祥像**

乙丑，顺天府尹王贤奏，宋丞相文天祥故元时塑以儒士像，今宜令考究宋时丞相冠服改塑。从之。

《明英宗实录》卷一七三，并见《图书集成·职方典》卷三七，《日下旧闻考》卷四五

○九○七　正统十三年十二月二十三日　令庆城王自建府第

乙亥，庆成王美埥奏，乞工匠、物料，为子女建府第。上以山西民艰，不允，令自为之。

《明英宗实录》卷一七三

〇九〇八　正统十三年　重新都城隍庙

《明一统志》卷一

都城隍廟在府①西南。正統十三年重新。

①编者注：顺天府。

〇九〇九　正统十三年　重建东岳庙

《明一统志》卷一

東嶽廟在府①東，正統十三年重建。

①编者注：顺天府。

〇九一〇　正统十三年　建安济桥

《图书集成·职方典》卷一五

安濟橋　在州①鞏華城南二里許，明正統十三年建。

①编者注：昌平州。

○九一一　正统十三年　英宗御制大兴隆寺碑

《芳洲文集》卷二

御製大興隆寺碑

朕惟君天下以保邦安民為先，興善教以崇德弘仁為重。肆古帝王，躬勤導迪之修德，合天人之助，遂至茂迎景貺於萬億年而益隆者，亦惟在於此耳。我國家自太祖高皇帝肇創區夏，太宗文皇帝中興家邦，至於列聖相承，實同一道。文德武功已宣揚於四海，深恩厚澤復被冒於萬方。雖堯舜禹湯文武之聖，未有過之者也。然不以道已至而忘陰翊之功，不以治已足而忽默相之道。故往往度地而建梵刹，稽典而興象教，深有契乎大易神道設教之旨，孔子博施濟衆之仁者矣。何其盛哉。況乎京師四方所仰，佛氏衆妙所宗，則所以崇奬光大其教者，尤不可以少緩。此我　祖宗所為功業超乎古今，德化被於遠邇，致治臻熙皞之盛，享國得長久之安，而非近代所可及者，是豈為無補哉。朕承　宗廟之重，而撫　國家之大，夙夜兢兢，思所以繼　祖宗保邦安民之志，非一日矣。乃者相于都城，得隙地於長安西街之北，因命臣工垣而剎之。中為大殿，凡幾，從以傍殿門廡、法堂樓閣、誦息諸廬，壯偉雄麗，咸具四方之瞻。文以臺墀，鐘鼓旛花，金玉供奉諸儀，崇飾布列，咸聳萬姓之觀。至於列寶相如來之像，庋金書大藏之經，則又世之所稀有也。所以然者，夫豈有他乎哉。稽諸佛氏之書，佛之為道，降福必先於有德之人，祚國必篤於有道之世。何也，蓋有德者獲福之本，而有道者享國之源。中庸曰，故大德必得其位，必得其祿，必得其名，必得其壽。是降福必先於有德之人，有合乎中庸之旨矣。周書曰，殷王中宗嚴恭寅畏天命，自度治民，祇懼不敢荒寧，肆中宗之享國為尤久。是祚國必篤於有道之世，有契乎周書之義矣。佛之為道，能福祈於有德有道。如此則侈其宮與像，以崇獎光大其教也，夫豈為過乎哉。工興之日，材取於常用之餘，而有司無預，力役於常征之內，而浮費有儩，人情懽懌。成不踰時，于以奠迎景貺而祝宗社生靈無窮之福，端有在矣。將見國家底泰山磐石之安，海宇臻民物雍熙之盛，顧不資於此乎。因命名曰大興隆寺。復書諸石而讃之曰：於赫 皇祖，弘建兩京。為世立極， 聖聖相承，德與天合，恩育群生。號令起居，悉恵民情。凡可錫福，靡不經營。肆天降康，表厥敬誠。維玆佛氏，西土聖靈。導善憫艱，濟度迷冥。有道使立，有德使興。陰翊皇度，臻于治平。肆我 列聖，是崇是絻。爰建梵宇，于都之城。闡揚其教，資福我氓。朕嗣天序，服念在膺。圖保家國，永底乂寧。長安西街，有地曠衍。何以奠之，殿閣峥嶸。如來法相，是依是憑。萬衆瞻奉，如覩日星。集慶川至，徵福山增。風調雨順，道泰時亨。千秋萬歲，四海八紘。歲不識饑，民不識兵。於惟三寶，曰佛法僧。天長地久，佐我大明。

○九一二　正统十三年　重修大兴隆寺

大興隆寺在西長安街，本名慶壽寺，金章宗時建，元初建二塔，一九級，一七級，僧海雲、可菴葬其下。明正統十三年重修，改今名。

《清一统志》卷五

○九一三　正统十三年　太监王振修大兴隆寺

正統十三年，太監王振修大興隆寺，日役萬人，糜帑數十萬，閎麗冠京都。英宗爲賜號第一叢林。」單宇傳。

《明会要》卷七五

○九一四　正统十三年　重修大觉寺

大覺寺在府①西北三十里。宣德二年因舊重建，正統十三年重修。

《明一统志》卷一

① 编者注：顺天府。

○九一五　正统十三年　奉敕重修昭圣寺

原昭聖寺在州西北，唐乾符六年建，明正統十三年奉勅重修。寺有廣大圓滿大悲心陀羅尼幢一，開元中三藏沙門不空奉詔譯，劉詔書。昌平州志

《日下旧闻考》卷一三五，参见光绪朝《昌平州志》卷九

○九一六　正统十三年　筑万寿寺戒坛

〔臣等謹按〕盧溝橋詳見郊坰西卷二。戒壇在馬鞍山萬壽寺内。寺在唐曰慧聚，遼咸雍間僧法均始闢戒壇，明正統間改寺名萬壽。寺内大殿恭懸聖祖仁皇帝御書額曰般若無照。聯曰：禪心似鏡留明月；松韻如篁振午風。皇上御書額曰蓮界香林。千佛閣御書額曰智光普照。聯曰：金粟顯神光，人天資福；瑠璃開淨域，色相憑參。戒壇上聖祖御書額曰清戒。皇上御書額曰樹精進幢。聯曰：徧灑醍醐成雨露；長留華藏闕山林。山門内恭立聖祖御製萬壽寺戒壇碑記，佛殿前恭立皇上御製詩碑，千佛閣前恭立御題活動松詩碑。壇前遼碑一，乾文閣直學士王鼎撰，大安七年立。金碑一，開府儀同三司致仕韓昉撰，天德四年立。又已泐遼碑一，起復知樞密院直學士虞仲文撰，建福元年立。已泐金碑一，翰林直學士施宜生撰，貞元三年立。此二碑今

《日下旧闻考》卷一〇五

寺僧猶傳其文，而訛脱頗多。明碑一，中順大夫毘陵胡濙撰，成化九年立。寺内明碑三：一無撰人姓名，正統七年立；一爲成化五年勅諭碑；一爲翰林侍讀東里高拱撰，嘉靖三十五年立。戒壇之前爲明王殿。殿門右石幢二，刻尊勝陀羅尼呪并序。右幢題識云：太康三年，歲次丁巳，奉爲故壇主崇禄大夫守司空傳菩薩戒大師特建法幢門人傳戒大師講經律論賜紫沙門裕經等立。左幢題識云：受戒弟子范陽王鼎撰文，太康元年歲在乙卯建。階下塔二：右塔爲普賢衣鉢塔；左塔石刻云遼故崇禄大夫守司空傳菩薩戒壇主普賢大師之靈塔。明正統十三年中秋日築壇如幻道孚建。

〔原〕戒壇，入山二十餘里始見山門，壇在殿内閣前，古松四株，翠枝穿結，覆蓋一院。瀟碧堂集

〔臣等謹按〕千佛閣前松株今尚蔚茂，活動松於乾隆四十四年蒙御製詩章，恭録於後。

〔原〕登獅子巖凡十八轉，始及戒壇，壇爲景皇帝區畫地，開山卽鷲頭法師名道孚者。墨響齋集

〔原〕戒壇在西山最深處，渡渾河西行可二十里，兩厓中通一徑，丹林黄葉，與青巒碧澗錯出如繡。遠望西北一峰如靈壁石，以爲戒壇必在其下。過永慶庵，呼山僧問之，曰極樂峰也。西行不五里，石闌丹壁，已至寺門。寺肇自唐武德中，舊名慧聚，至明正統乃易名萬壽。殿墀四松，離奇夭矯，皆數百年物。折而北，一坊西向，額曰選佛場。殿宇宏麗，闌楯參差。壇在殿中，以白石爲之，凡三級，周遭皆列戒神。出壇而南，至波離

殿，殿前遼金碑各一，皆波離尊者行實也。有太古洞最勝，列炬而入，百乳千螺俱成佛像，不知其深幾里也。

燕都游覽志

胡濙馬鞍山萬壽大戒壇第一代開山大壇主僧録司左講經孚公大師行實碑畧　大師俗姓劉氏，諱道孚，字信庵，別號如幻，世爲江浦望族。父仲賢不事浮屠。母沈氏得異夢而娠，遂不喜茹葷。及誕，晝夜啼聲不歇，人皆驚愕，以爲異事。方期月，遂抱送於隣比接待寺爲沙彌，啼聲乃止。既成童，高額深目，大頤方口，儀表端嚴，眉宇森秀，人相具足，梵音清暢。恒引羣兒聚沙爲塔，善習表於兒戲，利根發於童心。釋禮矩儀，動如宿習。人皆疑大師卽羅漢之身下生。七歲依京城靈谷寺禮前堂慶叟爲師，落髮衣緇，參求要旨，昕夕瞻拜觀音，懇求聰慧。未幾，復禮天童觀翁，具威儀，禀持範，傳唯識大義，通涅槃大旨。時觀翁緇門獨立，名振天下。宣廟在潛邸，每承顧問，恩禮特隆。宣德丙午，召至京師，館於慶壽丈室。大師左右朝參，出入禁中，翼翼勤慎，終始如一。丁未受度，賜西服茜衣，大師固讓不服，常於文華殿楷書大字齋額，上每俯案視之。有高僧書法勝中書之奬。又常設施食於内庭，利濟天人；開法場於秘殿，爲民請福。敷演瑜伽華梵，闡揚三乘真詮。上爲改容坐聽，擊節歎賞，以爲靈山勝會，今古一時。己酉，飛錫江浙，秉戒具，乃言曰：此行不達曹溪路，永不回頭見故鄉。既而遍謁知識，歷覽勝槩。壬子還京，會觀翁指明心要，乃西遊五臺，覩文殊於清涼，辦供養於鷲嶺。乃曰：一翳在眼，空花遍界。遂號如幻。英廟聞其名，召之。一見，天顏大悦，呼爲鳳頭和尚。尋陞僧録講經。先是，京西馬鞍山寺修建，思得至人以振宗風。師知此寺乃遼普賢大師所建，四衆受戒之所，喟然嘆曰：釋迦如來三千餘年，遺教幾乎泯絶，吾既爲佛之徒，豈忍視其廢而不興耶？乃往住兹山。於是鏟荒夷險，鬱起層構，散己貲以鳩工，擇幹僧以董役。匠成於心，授規於手，日而不笠，雨而不屐。於是廊廡龍象，焕然一新。其興作始末，備載大學士楊士奇所撰碑記。景泰丙子夏六月十日，飲食訖而趺坐，沐浴畢而更衣，升堂别衆曰：昔本不生，今亦不滅。雲散長空，碧天皓月。端然而逝。當暑而顔色如生，竟夕而異香馥郁。荼毘，得舍利若干，建塔於寺之南原，尊本教也。俗壽五十有五，僧臘四十有九。弟子左覺義德默等繼傳心燈，恪守遺訓，故列其景行，邀予編次，鑱諸堅珉，用昭來劫。

守衛四城官軍揭帖

兵科職掌有守衛官軍、四城官軍二揭帖，間見正統十三年所藏二本，蓋予私録，且詳識其繇也。今幾二十年矣，具録如左。守衛官軍揭帖者，衛士守宿内門，前班官旗軍較尉四千三百二十四員名，後班少十名。東中門七，玄武門一，北安門二，俱只從本門旗軍并隨伍内轉。午等四門除東華、玄武依前後班於隨伍旗軍内增減十名，餘皆定數。各門除東中、玄武、北安如前增減，餘亦皆定數，官少則以隨伍軍旗補之。官軍三日一點，揭帖三日一進。如十五日至十七日終者，則十四日早，羽林前、金吾前、虎賁左、燕山前、旗手、濟州府軍、濟陽府軍左、燕山左、羽林左、金吾左、府軍右、羽林右、金吾右、府軍後、通州、金吾後、大興左等二十一衛各具官軍等項數目奏本送科，本科攢揭帖，十六日早掌科事官於御前奏進。十八日留守衛具點閘過數目，奏本送科，備照留守，則中前後左右五衛輪點，而例不點閘者隨駕錦衣衛也。錦衣暨金吾前後、府軍、府軍左右後、羽林左右、虎賁左各衛，皆名隨駕衛分。

午門至長安左右門　午門　闕左門并守鋪　闕右門并守鋪　端門　承天門　長安左門并守鋪　長安右門并守鋪

東華門至東安門　東華門并守鋪　東上門并東上南北門　東中門　東安牆門、東安門并守鋪

西華門至西安門　西華門并守鋪　西上門并西上南北門　西中門　乾明門　西安裏門

西安門并守鋪

玄武門至北安門　玄武門并守鋪　北上門并北上東西門　北中門　北安門并守鋪

四城官軍揭帖，該守朝陽等九門十六衛分官軍總四百七十八員名，東城神武左忠義左大寧前，西城會州義勇右蔚州左寬河忠義後，中則武城中前後大寧中忠義左後義勇中，北城忠義前右義勇前也。每月三日一點，挨次不論大小，盡如初一日，至初三日點過，則本日晚四城兵馬指揮司各具奏本送科，本科類揭，於初四日早送司禮監也。

九門：朝陽　東直　西直　阜城　正陽　崇文　宣武　安定　德勝

○九一八　正统十三年　定诸王坟茔地亩规制　万历朝《明会典》卷二〇三

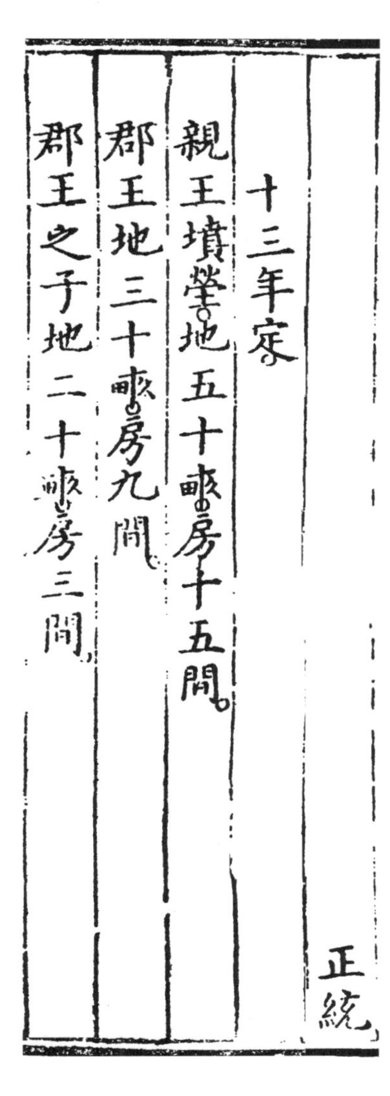
正統
十三年定
親王墳塋地五十畝房十五間
郡王地三十畝房九間
郡王之子地二十畝房三間

○九一九　正统十三年　定诸王坟茔地亩规制　《明史》卷五七

正統十三年定親王塋地五十畝，房十五間。郡王塋地三十畝，房九間。郡王子塋地二十畝，房三間。郡主、縣主塋地十畝，房三間。

正统十四年

（一四四九年一月二十四日至一四五〇年一月十三日）

○九二○　正统十四年正月十七日　金盏儿甸马房草场火烧略尽

戊戌。户部奏，近日金盞兒甸馬房草場火燒畧盡。蓋由堆垛太高，是以難於救護。請自今堆草毋過十萬。又舊制每草一束計十五斤，近者每民所納每束二三斤者有之。乞令提督侍郎并巡倉御史等禁革。從之。

《明英宗实录》卷一七四

○九二一　正统十四年正月二十六日　不允宜伦郡主预造葬地

丁未。宜倫郡主奏老疾，乞勅有司預造葬地。上以非舊制，不允。

《明英宗实录》卷一七四

〇九二二　正统十四年正月三十日　造京城六门更鼓

造京城崇文、宣武、朝陽、東直、德勝、安定六門更鼓。

《明英宗实录》卷一七四

〇九二三　正统十四年二月初三日　敕太监阮安等行视漕运水路

勅太监阮安、陳蔦行視自通州抵南京漕運水路。

《明英宗实录》卷一七五

〇九二四　正统十四年二月初四日　造榆河永福永宁等桥工毕

乙卯，遣工部右侍郎王永壽祭司土之神，以造榆河等處永福、永寧等橋工畢也。

《明英宗实录》卷一七五

○九二五　正统十四年二月十四日　忠义前卫仓火

《明英宗实录》卷一七五

忠義前衛倉火。

○九二六　正统十四年三月十三日　重修顺天府兴工

《日下旧闻考》卷六五

原王直重修順天府記　至元中大都路廨署無定制，至或假民家以庀事。其後乃市諸民，得地二十畝，爲屋以居。我朝有天下，改大都路爲北平府。永樂元年，北京建，又改北平府爲順天府，因故署爲治。正統十四年，府尹寧陽王侯賢諗於衆，改作焉。爲正堂、後堂各五間，中堂三間，左爲經歷司，右爲照磨所。前爲大門，凡三重，各三間，六曹案牘之舍，庫廄庖湢皆完。崇卑廣狹，各中程度，總爲屋五十八間。以正統十四年三月十三日興工，景泰三年七月落成。王文端集

○九二七　正统十四年四月初二日　修南京后军都督府

《明英宗实录》卷一七七

修南京後軍都督府。

〇九二八　正统十四年四月初八日　立敕赐净宁寺碑　《临清县志》第一一册

勅賜淨寧寺碑記

資德大夫正□上卿、禮部尚書、前太子賓客兼國子祭酒毗陵胡濙撰。

奉議大夫禮部祠祭清吏司郎中滕貫書

奉政大夫禮部祠祭清吏司郎中趙昺篆額

淨寧寺在山東臨清衛河東岸。原有古刹，年深廢弛，基址猶存。正統三年，時緣際遇，　欽封弘通妙戒普慧善應慈濟輔國闡教灌頂淨覺西天佛子大國師班丹劄釋巴藏十法子鎖南堅參訪知茲寺前址，高爽塏，水秀山明。即發宏願，欲募緣蓋造，具本蒙通政使司官奉　欽依准他，欽遵蓋造殿堂廊廡、山門、方丈伽藍、祖師、厨庫、僧房，裝塑諸佛神像、幡花供具、法所宜有者，靡不畢備。正統八年二月二十七日，因無名額，具奏　欽依與做淨寧寺。蒙禮部劄付，前去住持。經今七載，未有紀述，以示方來。其師僧錄司右覺義端竹，亦以為茲寺重興之功，甚為浩大，恐久而泯沒，無聞於後。遂謀於西天佛子徒清心戒竹國師班卓兒藏卜，暨刺麻交幹劄釋具始末事狀，謁予徵記。予惟自古有云，山不在高，有仙則名。水不在深，有龍則靈。茲寺乃西天佛子大國師法子重新蓋造，又欽蒙勅賜名額。且天下名山大川，禪黌教苑，無慮數萬，而獲蒙勅賜名額者，固鮮矣。蓋緣西天出世利生，代佛揚化，明心達本，行解圓融，道業內充，才器宏遠，足致　聖朝崇奬，望重當今，豈不青史標名，流芳萬世。又奚待區區撰述，而後傳播於無窮哉。茲特紀其建造歲月，以備方來纂錄圖誌者，有所考證云爾。　正統十四年歲次己巳四月八日。　董工把總祝福勝、　金台劉敬、　陳亮同鐫。

右碑高約一丈，寬三尺。石質純白如雪。寺中碑刻此為最早。

淨寧寺一名彌陀寺。

〇九二九　正统十四年四月十九日　修葺顺天府衙署

《明英宗实录》卷一七七

顺天府奏，本府厅事及经历司、照磨所、吏典六房皆岁久朽敝。请起所属州县民夫修葺。从之。

〇九三〇　正统十四年四月二十日　敕有司协助沁水王起造府第

《明英宗实录》卷一七七

己巳。先是，沁水王幼㙮为其第乞建府第。上赐以地，命自起造。至是王复以工料不足，请敕有司协助。从之。

〇九三一　正统十四年四月二十六日　修南京通济门水关闸

乙亥，修南京通济門水關閘。

《明英宗实录》卷一七七

〇九三二　正统十四年四月三十日　诏宗室母妃夫人坟地亩如其夫子

己卯，詔親王母妃，郡王母妃，將軍母夫人墳地、房屋悉如其夫與子之制。

《明英宗实录》卷一七七

〇九三三　正统十四年五月十二日　赐道藏经于南京神乐观

賜道藏經於南京神樂觀，從太常少卿王一居奏請也。

《明英宗实录》卷一七八

○九三四　正统十四年六月初八日　南京谨身等殿灾

是夜，南京風雨雷電，謹身等殿災。

《明英宗实录》卷一七九，并见朱国祯《大政记》卷一四

○九三五　正统十四年六月初八日　南京三殿诸门皆毁

正統己巳六月丙辰夜二鼓，南京雷電震烈，風雨驟作。謹身殿火起，延及奉天、華葢二殿，奉天諸門亦皆燬盡。

《双槐岁抄》卷五，参见《大政纪》卷一一

○九三六　正统十四年六月初八日　南京三殿诸门皆毁

《国朝典汇》卷一一四

十四年六月丙辰夜，雷電大震，風雨驟作。南京謹身殿火起，延及奉天、華蓋二殿，奉天諸門皆燬。次日，臺殿生荊棘，高二尺。下詔赦天下。

○九三七　正统十四年六月初八日　南京三殿诸门皆烬

《罪惟录》纪卷六

六月丙辰夜，南京電火，發自謹身殿，延及奉天、華蓋二殿，奉天諸門皆燼。

○九三八　正统十四年六月初八日　南京三殿灾

《昭代典则》卷一五

六月丙辰，南京謹身、華盖、奉天三殿災。

〇九三九　正统十四年六月初八日　南京三殿灾　《国榷》卷二七

夜。南京大雷雨。奉天华盖谨身等殿災。

〇九四〇　正统十四年六月初八日　南京三殿灾　《明史》卷二九，参见《明史》卷一〇

十四年六月丙辰夜，南京谨身、奉天、华盖三殿災。

〇九四一　正统十四年六月初八日　南京三殿灾　《同治上江两县志》卷二

十四年夏六月丙辰，南京風雨雷電，謹身、奉天、華蓋三殿皆災。

○九四二　正统十四年六月初八日　南京三殿灾　《二申野录》卷二

夏六月丙辰，南京謹身、奉天、華蓋三殿災。

○九四三　正统十四年六月初八日　三殿诸门皆毁　《明史纪事本末》卷三二

夏六月丙辰，夜雷電大震，風雨驟作。謹身殿火起，延奉天、華蓋二殿，奉天諸門皆燬。

○九四四　正统十四年六月初八日　南京謹身殿灾　《明史》卷二八

十四年六月丙辰，南京風雨雷電，謹身殿災。

○九四五　正统十四年六月十一日　安惠王妃徐氏薨

《明英宗实录》卷一七九

乙未，安惠王妃徐氏薨。妃中山武宁王达之女，洪武二十四年册封，至是薨。讣闻，上辍视朝一日，遣中官致祭，命有司营葬。

○九四六　正统十四年六月十二日　修西海子河岸

《明英宗实录》卷一七九

修西海子河岸。

○九四七 正统十四年六月二十一日 颁布大赦天下诏

《明英宗实录》卷一七九

己巳。詔曰，朕以涼德祗承 祖宗洪業，顧惟艱大，罔敢怠遑。乃正統十四年六月初八日，南京謹身等殿災。此誠 上天垂戒國家。朕深思省躬，夙夜警懼，允惟敬天之實，必以敷仁為先。其大赦天下，咸與維新，所有寬恤事宜條示于後。

一、文武官吏[①]、旗校、軍民、匠作人等，自正統十四年六月二十一日以前，有為事見問，及做工運灰等項，悉宥其罪。官吏復還職役，軍還原伍，匠仍當匠，民放寧家。文職犯枉法贓者，罷歸為民。見照勘者，仍待照勘明白發落，不許寬抑枉人。

一、各處造作，除軍需外，其餘一應不急之務悉皆停罷。今後敢有非奉朝廷明文，擅役一軍一夫，及擅自科斂財物，俱重罪之。

一、各處逃軍、逃囚、逃匠人等，及犯强盜、人命等項重罪，畏避逃遁山澤者，詔書到日，限兩月以裏悉赴所在官司首告。不分所犯輕重，悉赦其罪，軍還原伍，匠仍當匠，民放寧家。敢有過期不首，及再犯者，必重罪不宥。一、各處先附籍逃民[②]，所司務依恩例存恤優免，毋令轉徙失所。其有未附籍者，果居住已成業者，仍照例收籍，一體優免。願回原籍者，待秋後發遣。敢有官吏人等生事擾害，及頑民不肯附籍復業、往來流徙不已，或因而生事者，處以重罪。

① 文武官吏　抱本官吏作百官。
② 先附籍逃民　詔制先下有年字。

○九四八　正统十四年六月　南京宫殿俱灾

是年二月，公受命釋奠先師孔子。春夏皆旱。六月，南京奏大内火，宫殿俱灾。以奏示公，公曰，天心仁愛。

《芳洲文集》附录

○九四九　正统十四年六月　南京宫殿俱烬

己巳六月。南京宫殿一時俱燼。先朝所留圖籍法物並盡。不兩月而鑾輿北狩。

《万历野获编》卷二九

○九五○　正统十四年六月　南京宫殿灾

十四年己巳。六月，南京宫殿災，謹身、華蓋、奉天三殿及奉天門一時燼。

《罪惟录》志卷三

○九五一　正统十四年六月　南京各殿门灾

南京各殿門災。

《明书》卷八

〇九五二　正统十四年六月　三殿灾　《明书》卷三八

十四年六月・震雷風雨驟作・謹身奉天華蓋三殿災・

〇九五三　正统十四年六月　南京谨身等殿灾　《历代通鉴辑览》卷一〇四，参见《通鉴纲目三编》卷一〇

南京謹身等殿災。
是夜，大風雨。明日，殿基生荆棘，高二尺。詔修省大赦。

〇九五四　正统十四年六月　南京三殿灾　《明会要》卷七〇

十四年六月，南京謹身、奉天、華蓋三殿災。

〇九五五　正统十四年七月十四日　停止派买采办物料于四川

《明英宗实录》卷一八〇，参见《明英宗宝训》卷二

巡按四川監察御史李琮奏，四川人民凋瘵，兩京該部派買採辦物料，乞暫停免。及差大臣存恤巡撫。上曰，民方貧困[①]，使差官巡撫，未必不擾人也。其已之。

① 民方貧困　廣本貧困作困窮。

〇九五六　正统十四年八月十五日　王永和阵亡

《明英宗实录》卷一八一

王永和字用節，蘇州府崑山縣人。正統間陞工部右侍郎，凡宮殿之建，勞心經營，不擾而事集，人以為難。至是死事。贈工部尚書，遣官諭祭。錄其子汝賢為大理評事。

○九五七　正统十四年八月三十日　令罢修南京山川坛等工程

令罷修南京山川壇、殿宇、歷代帝王廟、諸倉厰、寺監、器皿，及北京馬駒橋。以修橋銀千餘兩、鈔四十餘萬輸庫。

《明英宗实录》卷一八一

○九五八　正统十四年九月初三日　命于京城堞口俱置门扉

令工部於京城堞口俱置門扉[①]，縛沙欄木於城東西南三面垣上，凡爲門扉一萬一千有餘，沙欄長五千一百餘丈。

《明英宗实录》卷一八二

① 門扉　抱本扉作扇，下同。

〇九五九　正统十四年九月初六日　郕王颁即位诏

《明英宗实录》卷一八三

正統十四年九月癸未，　上在迤北。郕王即　皇帝位，尊　上為太上皇帝。詔天下曰。

一、文武官吏軍民匠作人等，有為事做工，及運磚、運灰①、運糧等項，悉宥其罪。官吏各還職，役軍還原伍，匠仍當匠，民放寧家。

一、在京各色人匠、陰陽、醫士、廚役人等，年六十以上，殘疾不堪供役者，悉皆放免。應僉補者照例僉補。

一、償運糧儲并各處操練，工部造作去處，其把總人等，務選能幹公廉者設立。不許選用趨附承奉之人，以致恃勢酷害軍匠，舊濫設者並行革去。

一、失班人匠，自正統十四年秋季以前，並免罰工，止當正班。管工官吏作頭，不許私役，及放閑辦納月錢。違者罪之。

①運灰　抱本灰作炭。

〇九六〇　正统十四年九月十一日　蒯祥陆祥升任员外郎

《明英宗实录》卷一八三

陞工部營繕司主事蒯祥、陸祥俱為本司員外郎。

〇九六一　正统十四年九月十一日　国子监生上言勿再崇佛

《明英宗实录》卷一八三

國子監生姚顯言。三代而下始有佛法。事佛愈至，得禍尤烈，若梁之武帝，唐之憲宗是也。朝廷修大隆興寺①，侈極壯麗。京師謡曰，竭民之膏，勞民之髓，不得遮風，不得避雨。又將崇國寺楊禅師尊爲上師，儀從同於王者，坐食膏梁之美，身披錦繡之華，視君（上）如弟子，輕公侯如行童。自此之後天災屢見，胡虜犯邊，太上皇帝被留賊庭，國師僧衆談笑自若。臣願 陛下令上師同僧人仗佛威力前往賊庭，化諭也先送 駕還京。庶可見佛護國之力，以彰尊崇之效。不然則佛不足敬信明矣。今後再不許崇尚佛教，實萬代之法也。臣每思 駕在沙漠，不勝哀痛。故敢效一言，不知萬死。事下禮部議行。

① 大隆興寺　抱本隆興作興隆。

吏部聽選知縣單宇言，佛本胡教，前代事之俱致禍亂。近年以來脩蓋寺勸觀徧滿京師，男女出家累千百萬。不事耕織，爨食于民，所以胡風行而人人心惑也。況所費木石銅鐵不可勝計，以有用之財爲無用之費。請折其木石，改造軍衛；銷其銅鐵以備兵仗。遣其僧尼還俗生理。庶幾皇風清穆，胡教不行。又言論班①住坐匠多爲內官賣放，辦納月錢。乞悉送工部成造軍器。疏入命禮部會官議之。

① 論班　廣本抱本論作輪，是也。

○九六三　正统十四年九月二十五日　命修南京正阳等十一门

命修南京正陽等十一門樓鋪、官廳及城券滲漏①處，從守備豐城侯李賢奏請也。

《明英宗实录》卷一八三

① 城券滲漏　券字疑誤，各本同。

○九六四　正统十四年十月初二日　罢修南京祠山广惠等八庙

罷修南京祠山、廣惠①等八廟，以詔停不急之務也。

《明英宗实录》卷一八四

① 廣惠　惠抱本作寧。

○九六五　正统十四年十月二十二日　达贼惊犯陵寝　《明英宗实录》卷一八四

己巳，長陵衛指揮使廖鏞奏，達賊驚犯　陵寢，殺死本衛官吏，虜去人口不計其數。

○九六六　正统十四年十月二十二日　虏犯山陵　《国榷》卷二八

己巳。長陵衛指揮使廖鏞奏虜犯山陵。大殺掠。

○九六七　正统十四年十月二十七日　命修献景二陵供器　《明英宗实录》卷一八四

甲戌，命修　獻陵、景陵[①]供器，以為達賊所毀也。

①景陵　抱本作長陵，誤。

○九六八　正统十四年十月　也先焚长献景陵殿寝祭器

《昭代典则》卷一五

也先犯京師。焚長陵、獻陵、景陵殿寢祭器。遂大剽掠。

○九六九　正统十四年十月　北虏焚长陵献陵

《大政纪》卷一一

北虜分兵焚長陵、獻陵。

○九七〇　正统十四年十月　也先焚三陵殿寝祭器

《明史纪事本末》卷三六

十月，也先犯京師，于謙、石亨分營城北。也先縱騎剽掠，焚三陵殿寢祭器，逼宣武門，南逾蘆溝橋，散劫下邑。

○九七一　正统十四年十月　虏焚三陵殿寝祭器　《罪惟录》传卷三五

上皇諭復等急歸，虜乃四掠，焚三陵殿寢祭器。

○九七二　正统十四年十月　乜先焚陵殿　《明书》卷八

十月。乜先以送上爲名，與脫脫不花入寇。是時太監喜甯。胡種也。盡洩中國虛實。乜先擁上皇入紫荊關。殺指揮孫祥遂薄都城。于謙、石亨率師出德勝門禦卻之。喜甯嗾乜先遣使來議和。且索大臣迎駕。乃以參議王復充禮部侍郎中書趙榮充鴻臚卿出迎。敵以非大臣。復縱騎大掠。焚陵殿。過宣武門南逾蘆溝橋。還攻城。于謙遂督軍用礮攻。大勝之。

○九七三　正统十四年十月　也先焚长献二陵

光绪朝《昌平州志》卷六

十四年

七月，親征也先。乙未，次龍虎臺。軍中夜驚。丁酉，次居庸關。九月辛丑，給事中孫祥、郎中羅通爲右副都御史，守紫荆、居庸關。十月，也先犯京師，焚長獻二陵。命石亨等軍於沙河。十一月，以僉都御史王竑鎮居庸關。

○九七四　正统十四年十一月初二日　命毁肃王旧府为营房

《明英宗实录》卷一八五

達賊屢犯甘肅，也堡軍士[1]皆走入城。命毁肅王舊府爲營房以居之，從寧遠伯任禮奏請也。

① 軍士　廣本作官軍。

〇九七五　正统十四年十一月初四日　翰林院侍读上言不可迁都

《明英宗实录》卷一八五

翰林院侍①講吴節言。七曰固根本。夫京師國家根本之地，頃以虜寇內侵，邊臣中多有以遷都回南為言者。至今其議未息。夫以盤庚平時遷耿，尚不免訛言，況危急之秋，而可輕于動搖人心者乎。此其不可也明矣。八曰護陵寢。天壽山守衛官軍多調往各處守關，致令達賊劫掠雞犬皆空，家屬逃竄。若使虜復來，輕剪松柏，殘踐輦路，則萬世之下何以自文。宜命大臣招集舊兵，益以鎮守之兵，深溝高壘以防寇盜，則　皇靈安慰，而福祉無窮矣。

章下該部議多採用其言。

①侍講　抱本講作讀。

〇九七六　正统十四年十一月十一日　命所在有司修理城垣

《明英宗实录》卷一八五

命所在有司修理城垣。

〇九七七　正统十四年十一月二十七日　滕怀王等坟为达贼所犯

《明英宗实录》卷一八五

滕懷王、衛恭王、靳獻王、越靖王①諸墳爲達賊所犯，其供器俱被掠去。有司以聞。命太常寺往視補之。

①越靖王　抱本越作趙，誤。

〇九七八　正统十四年十二月初二日　命修南京天地坛山川坛殿宇

命修南京　天地壇殿宇，及山川壇丹陛獻等處，共三百六十九間。

《明英宗实录》卷一八六

〇九七九　正统十四年十二月初十日　迁皇后于仁寿宫

詔天下曰，朕以眇躬託於億兆臣民之上，罔攸致理，夙夜靡寧。顧惟德理①有未惇庸，將無以道家國天下。蓋德必先于隆孝，而禮惟重乎正名，帝王所同，彝倫斯在。況恩施于己者實莫大宜，尊歸于親者無以加義，所當然事，豈爲過謹。上尊　聖母皇太后曰　上聖皇太后。生母曰　皇太后。勉遵辭讓之旨，還　皇后居仁壽宮，以俟　大兄鑾輿之復。進皇太子母周氏爲貴妃，示重天下之本。冊朕妃汪氏爲　皇

《明英宗实录》卷一八六

后以厚大伦之原。

①膻惟德理 赝本抱本理作禮，是也。

〇九八〇 正统十四年十二月 上皇后徙居仁寿宫 《通鉴纲目三编》卷一〇

上皇后钱氏徙居仁壽宫。

帝北狩，后傾中宫貲，佐迎駕。夜哀泣籲天，倦即卧地，損一股。以哭泣，復損一目。至是徙居别宫。質實。

仁壽宫在奉先殿東北，順貞、瑞和二門之内。

〇九八一　正统十四年　北内火灾文渊阁藏书悉为灰烬

《山樵暇语》卷九

永樂辛丑，北京大内新成，勑翰林院，凡南内文淵閣所貯古今一切書籍，自有一部至有百部，各取一部送至北京，餘悉封識收貯如故。時修撰陳循如數取進，得一百櫃，督舟十艘，載以赴京。至正統己巳，北内火災，文淵閣向所藏之書悉爲灰燼。此非書之厄會也歟。至正德己巳五月二十五日，西苑文淵閣被火，自歷代國典稿簿俱焚。西涯李公詩云：史家遺草盡成編，太液池頭萬炬煙。天上六丁元下取，人間一字不輕傳。自正統十四年己巳至正德四年己巳，迄今六十一年矣，詎非書史一時之厄也歟。

○九八二　正统十四年　南内大灾文渊阁藏书悉为灰烬

南内藏書

前代藏書之富，無逾本朝。永樂辛丑，北京大内新成，勅翰林院，凡南内文淵閣所貯古今一切書籍，自一部至有百部，各取一部送至北京，餘悉封識收貯如故。時修撰陳循如數取進，得一百櫃，督舟一艘，載以入京。至正統己巳，南内大災，文淵閣所藏之書，悉爲灰燼矣。

《客座赘语》卷六

○九八三　正统十四年　赐额崇真观

析津日記。崇眞觀，司禮監太監張政捨宅建。正統十四年賜額。景泰四年國子監祭酒胡濙撰碑。

《图书集成·职方典》卷四五

〇九八四　正统十四年　创建崇真观

《大岳太和山纪略》卷三

> 又崇真觀在順天府正陽門外東首。正統十四年創建，賜額崇真觀。

〇九八五　正统十四年　赐额崇真观

《京师坊巷志稿》卷下

司禮監張政捨宅建。正統十四年賜額，胡濙撰碑。案：崇禎觀在打磨廠之南巷。

析津日記：崇禎觀，

〇九八六　正统十四年　奉敕重修广福寺

万历朝《陕西通志》卷一七

> 廣福寺在衛城南[1]一里，宋乾德三年建。皇明正統十四年奉勑重修。

① 编者注：岷州卫城。

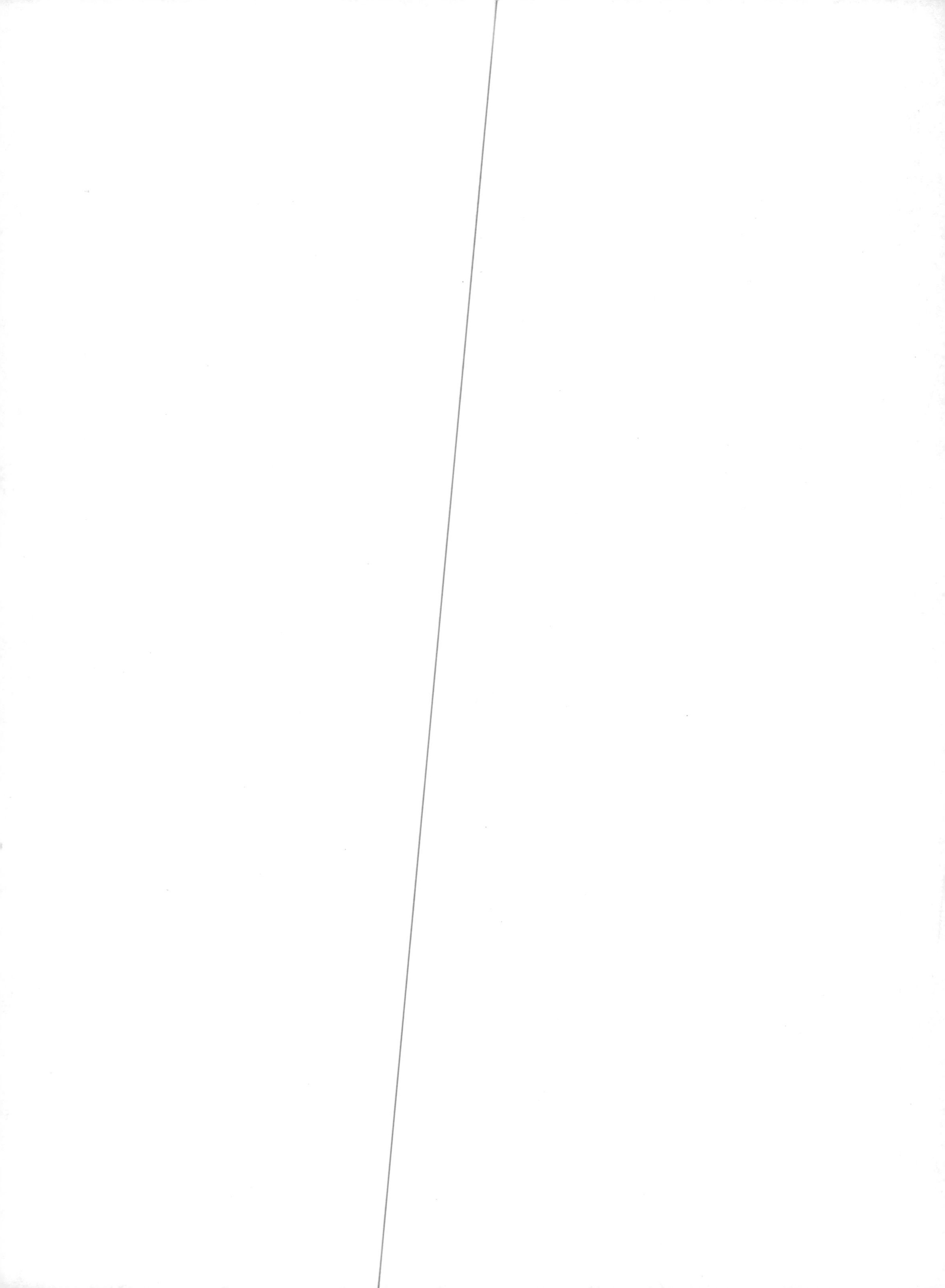